Versión del estudiante

Eureka Math
6.° grado
Módulos 1 y 2

Un agradecimiento especial al Gordon A. Cain Center y al Departamento de Matemáticas de la Universidad Estatal de Luisiana por su apoyo en el desarrollo de *Eureka Math*.

Para obtener un paquete gratis de recursos de Eureka Math para maestros, Consejos para padres y más, por favor visite www.Eureka.tools

Publicado por la organización sin fines de lucro Great Minds®.

Copyright © 2017 Great Minds®.

Impreso en EE. UU.

Este libro puede comprarse directamente en la editorial en eureka-math.org

10 9 8 7 6 5 4 3 2 1

ISBN 978-1-68386-222-2

Lección 1: Razones

Trabajo en clase

Ejemplo 1

El equipo mixto de fútbol tiene cuatro veces más niños que niñas. Decimos que la razón del número de niños al número de niñas en el equipo es de 4: 1. Esto se lee como *cuatro a uno*.

Supongan que la razón del número de niños al número de niñas en el equipo es de 3: 2.

Ejemplo 2: Relaciones del grupo en la clase

Escriban la razón del número de niños al número de niñas en nuestra clase.

Escriban la razón del número de niñas al número de niños en nuestra clase.

UNA HISTORIA DE PROPORCIONES

Lección 1

Registren una razón para cada uno de los ejemplos que dé el maestro(a).

1. _____
2. _____
3. _____
4. _____
5. _____
6. _____

Ejercicio 1

Mi propia razón compara _____ a

_____.

Mi razón es _____.

Ejercicio 2

Usando palabras, describan una razón que represente cada razón a continuación:

a. 1 a 12 _____

_____.

b. 12 : 1 _____

_____.

Lección 1: Razones

c. 2 a 5 _____
   _____.

d. 5 a 2 _____
   _____.

e. 10 : 2 _____
   _____.

f. 2 : 10 _____
   _____.

Lección 1: Razones

UNA HISTORIA DE PROPORCIONES   Lección 1   6•1

> **Resumen de la lección**
>
> Una *razón* es un par ordenado de números donde ambos no son cero.
>
> Una razón se denota $A:B$ para indicar el orden de los números: el número A es primero y el número B es segundo.
>
> El orden de los números es importante para el significado de la razón. Si se cambian los números, la razón cambia. La descripción de la relación de razones nos dice el orden correcto de los números en la razón.

Problemas

1. En el baile escolar de sexto grado, hay 132 niños, 89 niñas y 14 adultos.
   a. Escribe la razón del número de niños al número de niñas.
   b. Escribe la misma razón usando otro formato ($A:B$ versus A a B).
   c. Escribe la razón del número de niños al número de adultos.
   d. Escribe la misma razón usando otro formato.

2. En la cafetería, sacaron 100 botes de leche para el desayuno. Después del desayuno, quedaron 27.
   a. ¿Cuál es la razón del número de botes de leche que se tomaron al número total de botes de leche?
   b. ¿Cuál es la razón del número de botes de leche que quedaron al número de botes de leche que se tomaron?

3. Escoge una situación que pueda ser descrita por las siguientes razones y escribe un enunciado para describir la relación en el contexto de la situación que escogiste.

   Por ejemplo:

   $3:2$. Cuando la maestra de arte hace pintura rosa, usa la razón $3:2$. Por cada 3 tazas de pintura blanca que usa en la mezcla, necesita usar 2 tazas de pintura roja.

   a. 1 a 2
   b. 29 a 30
   c. 52:12

Lección 2: Razones

Trabajo en clase

Ejercicio 1

Crea dos ejemplos de relaciones de razón que sean interesantes para ti.

1.

2.

Desafío exploratorio

Una compañía que fabrica camisetas sondeó a chicas adolescentes sobre su color favorito de camisetas para guiar las decisiones de la compañía acerca de cuántas camisetas de cada color deberían diseñar y fabricar. Los resultados de la encuesta se muestran aquí.

Colores favoritos de camisetas de las chicas encuestadas

Rojo	Azul	Verde	Blanco	Rosa	Naranja	Amarillo
			X			
			X			
			X	X		
	X		X	X		X
	X		X	X		X
	X	X	X	X	X	X
X	X	X	X	X	X	X

Ejercicios para el Desafío de exploración

1. Describe una relación de razones, en el contexto de esta encuesta, donde la razón es 3: 5.

UNA HISTORIA DE PROPORCIONES　　　　　　　　　　　　　　　　　　　　Lección 2　6•1

2. Para cada relación de razones dada, llena la razón que está describiendo.

Descripción de la razón (Subraya o resalta las palabras o frases que indican que la descripción es una razón).	Razón
Por cada 7 camisetas blancas que fabrican, deben fabricar 4 camisetas amarillas. La razón del número de camisetas blancas al número de camisetas amarillas debería ser...	
Por cada 4 camisetas amarillas que fabrican, deben fabricar 7 camisetas blancas. La razón del número de camisetas amarillas al número de camisetas blancas debería ser...	
La razón del número de chicas que prefieren una camiseta blanca al número de chicas que prefieren una camiseta de color...	
Por cada camiseta roja que fabrican, deben fabricar 4 camisetas azules. La razón del número de camisetas rojas al número de camisetas azules debería ser...	
Deben comprar 4 rollos de tela amarilla por cada 3 rollos de tela naranja. La razón del número de rollos de tela amarilla al número de rollos de tela naranja debería ser...	
La razón del número de chicas que eligieron azul o verde como su color favorito al número de chicas que eligió rosa o rojo como su color favorito era...	
Tres de cada 26 camisetas que fabrican deben ser color naranja. La razón del número de camisetas color naranja al número total de camisetas debería ser...	

3. Para cada razón dada, escribe una descripción de la relación entre razones esta que podría describir, usando el contexto de la encuesta.

Descripción de la relación entre razones (Subraya o resalta las palabras o frases que indican que la descripción es una razón).	Razón
	4 a 3
	3 : 4
	19 : 7
	7 a 26

S.6　　Lección 2:　Razones

UNA HISTORIA DE PROPORCIONES

Lección 2 6•1

> **Resumen de la lección**
>
> - Las razones se pueden escribir de dos maneras: A a B o $A:B$.
> - Nosotros describimos las razones con palabras, p. ej., *a, por cada*.
> - La razón $A:B$ no es lo mismo que la razón $B:A$ (a menos que A sea igual a B).

Problemas

1. Usando el diseño de mosaicos que se muestran a continuación, crea 4 razones diferentes relacionadas con la imagen. Describe la relación de razones y escribe la razón en forma $A:B$ o en forma A a B.

2. Billy quería escribir una razón del número de manzanas al número de pimientos en su refrigerador. Escribió 1: 3. ¿Billy escribió la razón correctamente? Explica tu respuesta.

Esta página se dejó en blanco intencionalmente

Lección 3: Razones equivalentes

Trabajo en clase

Ejercicio 1

Escribe un problema narrado de una frase sobre una razón.

Escribe la razón en dos formas diferentes.

Ejercicio 2

Shanni y Mel están utilizando una franja para decorar un proyecto en su clase de arte. La razón de la longitud de la franja de Shanni a la longitud de la franja de Mel es 7: 3.

Dibuja un diagrama de cinta para representar esta razón.

Ejercicio 3

Mason y Laney corrieron vueltas para entrenar para el equipo de carreras de larga distancia. La razón del número de vueltas que Mason corrió al número de vueltas que Laney corrió fue 2 a 3.

    a. Si Mason corrió 4 millas, ¿qué tan lejos corrió Laney? Dibuja un diagrama de cinta para demostrar cómo encontraste la respuesta.

    b. Si Laney corrió 930 metros, ¿qué tan lejos corrió Mason? Dibuja un diagrama de cinta para demostrar cómo encontraste la respuesta.

    c. ¿Qué razones podemos decir que son equivalentes a 2: 3?

Ejercicio 4

Josie tomó un largo examen final de vocabulario de opción multiple. La razón del número de problemas que Josie contestó incorrectamente al número de problemas que contestó correctamente es 2: 9.

a. Si Josie contestó 8 preguntas incorrectamente, ¿cuántas preguntas respondió correctamente? Dibuja un diagrama de cinta para demostrar como encontraste la respuesta.

b. Si Josie contestó 20 preguntas incorrectamente, ¿cuántas preguntas respondió correctamente? Dibuja un diagrama de cinta para demostrar como encontraste la respuesta.

c. ¿Qué razones podemos decir que son equivalentes a 2: 9?

UNA HISTORIA DE PROPORCIONES   Lección 3 6•1

d. Elabora otra posible razón del número de preguntas que Josie contestó incorrectamente al número que contestó correctamente.

e. ¿Cómo encontraste los números?

f. Describe cómo crear las razones equivalentes.

UNA HISTORIA DE PROPORCIONES

Lección 3

6•1

> **Resumen de la lección**
>
> Dos razones $A:B$ y $C:D$ son razones equivalentes si existe un número diferente de cero, c, tal que $C = cA$ y $D = cB$. Por ejemplo, dos razones son equivalentes si las dos tienen valores que son iguales.
>
> Las razones son equivalentes si existe un número diferente de cero que pueda multiplicarse por las dos cantidades en una razón para igualar las cantidades correspondientes en la segunda razón.

Problemas

1. Escribe dos razones equivalentes a 1: 1.

2. Escribe dos razones equivalentes a 3: 11.

3.
   a. La razón del ancho del rectángulo a la altura del rectángulo es _____ a _____.

   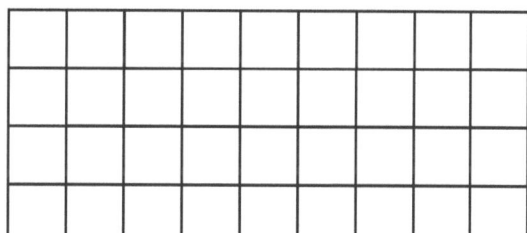

   b. Si cada cuadrado de la matriz tiene una longitud lateral de 8 mm, ¿cuál es el ancho y la altura del rectángulo?

4. Para un proyecto en su clase de salud, Jasmine y Brenda escribieron la cantidad de leche que bebían todos los días. Jasmine bebía 2 pintas de leche diariamente y Brenda bebía 3 pintas de leche diariamente.
   a. Escribe una razón del número de pintas de leche que Jasmine bebía al número de pintas de leche que Brenda bebía diariamente.
   b. Representa este escenario con diagramas de cinta.
   c. Si una pinta de leche es equivalente a 2 tazas de leche, ¿cuántas tazas de leche bebieron Jasmine y Brenda? ¿Cómo lo sabes?
   d. Escribe una razón del número de tazas de leche que Jasmine bebió al número de tazas de leche que Brenda bebió.
   e. ¿Las dos razones que determinaste son equivalentes? Explica por qué sí o por qué no.

Esta página se dejó en blanco intencionalmente

Lección 4: Razones equivalentes

Trabajo en clase

Ejemplo 1

En los anuncios de la mañana dijeron que dos de cada siete estudiantes de sexto grado en la escuela tiene un libro vencido en la biblioteca. Jasmine dijo: "¡Eso significa que 24 de nosotros tenemos libros vencidos!" Grace argumentó: "No es posible. Eso es demasiado". ¿Cómo puedes determinar quién está en lo correcto?

Ejercicio 1

Decide si cada uno de los siguientes pares de razones son equivalentes o no.

- Si las razones no son equivalentes, encuentra una razón que sea equivalente a la primera razón.
- Si las razones son equivalentes, identifica el número diferente de cero, c, que se puede usar para multiplicar cada número de la primera razón para obtener los números de la segunda razón.

a. $6:11$ y $42:88$

____ Sí, el valor, c, es _____.

____ No, una razón equivalente sería _____.

b. $0:5$ y $0:20$

____ Sí, el valor, c, es _____.

____ No, una razón equivalente sería _____.

Ejercicio 2

En una bolsa de nueces y anacardos mezclados, la razón del número de nueces al número de anacardos es de 5: 6. Determina el número de nueces que hay en la bolsa si hay 54 anacardos. Usa un diagrama de cinta para respaldar tu trabajo. Justifica tu respuesta mostrando que la nueva razón que creaste de la cantidad de nueces a la cantidad de anacardos a 5: 6.

UNA HISTORIA DE PROPORCIONES

Lección 4 6•1

Resumen de la lección

Recuerda la descripción:

Dos razones A:B y C:D son razones equivalentes si existe un número diferente de cero, c, tal que C=cA y D=cB. Por ejemplo, dos razones son equivalentes si las dos tienen valores que son iguales.
Las razones son equivalentes si existe un número diferente de cero que pueda multiplicarse por las dos cantidades en una razón para igualar las cantidades correspondientes en la segunda razón.

Problemas

1. Usa diagramas o la descripción de razones equivalentes para demostrar que las razones 2:3, 4:6 y 8:12 son equivalentes.

2. Demuestra que 3:8 es equivalente a 12:32.
   a. Usa diagramas para respaldar tu respuesta.
   b. Usa la descripción de razones equivalentes para respaldar tu respuesta.

3. La razón del dinero de Isabella al dinero de Shane es de 3:11. Si Isabella tiene $33, ¿cuánto dinero tienen en conjunto Shane e Isabella? Usa diagramas para ilustrar tu respuesta.

Lección 5: Resolver problemas encontrando razones equivalentes

Esta página se dejó en blanco intencionalmente

Lección 5: Resolver problemas encontrando razones equivalentes

Trabajo en clase

Ejemplo 1

El Superintendente de carreteras de un condado está interesado en los números de diferentes tipos de vehículos que viajan regularmente dentro de su condado. En el mes de agosto, se compró un total de 192 matrículas para carros y camionetas de pasajeros en el Departamento de Vehículos Motorizados local (DVM). El DVM reportó que en el mes de agosto por cada 5 carros de pasajeros matriculados, había 7 camionetas matriculadas. ¿Cuántos de cada tipo de vehículo fueron matriculados en el condado en el mes de agosto?

a. Usando la información en el problema, escribe cuatro razones diferentes y describe el significado de cada una.

b. Haz un diagrama de cinta que represente las cantidades en las razones parte-parte que escribiste.

c. ¿De cuántas partes de igual tamaño consta el diagrama de cinta?

d. ¿Qué cantidad total representa el diagrama de cinta?

e. ¿Qué valor representa cada parte individual del diagrama de cinta?

f. ¿Cuántos de cada tipo de vehículo fueron matriculados en agosto?

Ejemplo 2

El superintendente de carreteras también está interesado en los números de vehículos comerciales que usan las carreteras del condado frecuentemente. Él obtiene información del Departamento de Vehículos Motorizados para el mes de septiembre y encuentra que por cada 14 vehículos no comerciales, hubo 5 vehículos comerciales. Si hubo 108 más vehículos no comerciales que vehículos comerciales, ¿cuántos de cada tipo de vehículo utilizan frecuentemente las carreteras del condado durante el mes de septiembre?

Ejercicios

1. La razón del número de personas que tienen un teléfono inteligente al número de personas que tienen un teléfono plegable es 4: 3. Si 500 más personas tienen un teléfono inteligente que un teléfono plegable, ¿Cuántas personas tienen cada tipo de teléfono?

2. Sammy y David estaban vendiendo botellas de agua para recaudar dinero para nuevos uniformes de fútbol americano. Sammy vendió 5 botellas de agua por cada 3 botellas de agua que David vendió. Juntos vendieron 160 botellas de agua. ¿Cuántas vendió cada niño?

3. La Srta. Johnson y la Srta. Siple doblaban libretas de calificaciones para mandarlas a las casa de los padres. La razón del número de libretas de notas que la Srta. Johnson dobló al número de libretas que la Srta. Siple dobló es 2: 3. Al terminar el día, la Srta. Johnson y la Srta. Siple doblaron un total de 300 libretas de notas. ¿Cuántas dobló cada persona?

4. En un concierto de música country, la razón del número de chicos al número de chicas es 2: 7. Si hay 250 más chicas que chicos, ¿cuántos chicos hay en el concierto?

Problemas

1. 1. El verano pasado, en el campamento Okey-Fun-Okey, la razón del número de niños campistas al número de niñas campistas era de 8:7. Si hubo un total de 195 campistas, ¿cuántos niños campistas había? ¿Cuántas niñas campistas?

2. La razón de estudiantes a docentes en una pequeña universidad es 17:3. El número total de estudiantes y docentes es 740. ¿Cuántos docentes hay en la universidad? ¿Cuántos estudiantes?

3. El Speedy Fast Ski Resort ha comenzado a mantener un registro del número de esquiadores y esquiadores de snowboard que compraron pases de temporada. La razón del número de esquiadores que compraron pases de temporada al número de esquiadores de snowboard que compraron pases de temporada es 1:2. Si 1,250 más esquiadores de snowboard compraron pases de temporada que los esquiadores, ¿cuántos esquiadores de snowboard y cuántos esquiadores compraron pases de temporada?

4. La razón del número de adultos al número de estudiantes en el baile de graduación tiene que ser 1:10. El año pasado había 477 más estudiantes que adultos en el baile de graduación. Si la escuela espera la misma concurrencia este año, ¿cuántos adultos tienen que asistir al baile de graduación?

Lección 6: Resolver problemas encontrando razones equivalentes

Trabajo en clase

Ejercicios

1. El Business Direct Hotel les provee servicios a personas que viajan por diferentes tipos de viajes de negocios. La noche del sábado no hay muchos viajes de negocios, así que la razón del número de cuartos ocupados al número de cuartos no ocupados es $2:5$. Sin embargo, la noche del domingo la razón del número de cuartos ocupados al número de cuartos no ocupados es $6:1$ debido al número de personas de negocios que asisten a una gran conferencia en la región. Si el Business Direct Hotel tiene 432 cuartos ocupados el domingo en la noche, ¿cuántos cuartos no ocupados tiene el sábado en la noche?

2. Peter está tratando de hacer ejercicio haciendo sentadillas y lagartijas para aumentar la masa muscular. Originalmente, Peter estaba completando cinco sentadillas por cada tres lagartijas, pero luego se lesionó el hombro. Después de la lesión, Peter completaba el mismo número de repeticiones que hacía antes de su lesión, pero completaba siete sentadillas por cada lagartija. Durante una sesión de entrenamiento después de su lesión, Peter completó ocho lagartijas. ¿Cuántas lagartijas estaba completando Peter antes de su lesión?

3. Tom y Rob son hermanos a quienes les gusta hacer apuestas sobre los resultados de diferentes competencias entre ellos. Antes de la última apuesta, la razón de la cantidad del dinero de Tom a la cantidad del dinero de Rob era 4: 7. Rob perdió la última competencia y ahora la razón de la cantidad del dinero de Tom a la cantidad del dinero de Rob es 8: 3. Si Rob tenía $280 antes de la última competencia, ¿cuánto tiene Rob ahora que perdió la apuesta?

4. Una tienda de artículos deportivos ordenó bicicletas y motos nuevas. Por cada 3 bicicletas que se ordenaron, 4 motos se ordenaron. Sin embargo, las bicicletas fueron mucho más populares que las motos, así que la tienda cambió su próxima orden. La nueva razón del número de bicicletas ordenadas al número de motos ordenadas era 5: 2. Si se ordenó la misma cantidad de equipo deportivo en ambas órdenes y se ordenaron 64 motos originalmente, ¿cuántas bicicletas se ordenaron como parte de la nueva orden?

5. Al inicio del 6.º grado, la razón del número de estudiantes avanzados de matemáticas al número de estudiantes regulares de matemáticas era 3: 8. Sin embargo, después de tomar pruebas de nivel, los estudiantes fueron trasladados, cambiando la razón del número de estudiantes avanzados de matemáticas al número de estudiantes regulares de matemáticas a 4: 7. ¿Cuántos estudiantes comenzaron en matemática regular y matemática avanzada si había 92 estudiantes en matemática avanzada después de las pruebas de nivel?

6. Durante el primer semestre, la razón del número de estudiantes en la clase de arte al número de estudiantes en la clase de gimnasia era 2: 7. Sin embargo, las clases de arte eran muy pequeñas y las clases de gimnasia eran grandes, así que el director cambió las clases de los estudiantes para el segundo semestre. En el segundo semestre, la razón del número de estudiantes en la clase de arte al número de estudiantes en la clase de gimnasia era 5: 4. Si había 75 estudiantes en la clase de arte en el segundo semestre, ¿cuántos había en la clase de arte y la clase de gimnasia en el primer semestre?

7. Jeanette quiere ahorrar dinero, pero no ha sido buena con eso en el pasado. La razón del monto de dinero en la cuenta de ahorros de Jeanette al monto de dinero en su cuenta corriente era 1: 6. Dado que Jeanette está tratando de mejorar sus ahorros, mueve algo de dinero de su cuenta corriente y lo deposita su cuenta de ahorros. Ahora, la razón del monto de dinero en su cuenta de ahorros al monto de dinero en su cuenta corriente es 4: 3. Si Jeanette tenía $936 en su cuenta corriente antes de mover el dinero, ¿cuánto dinero tiene Jeanette en cada cuenta después de mover el dinero?

UNA HISTORIA DE PROPORCIONES

Lección 6

Resumen de la lección

Al resolver problemas en los que una razón entre dos cantidades cambia, es útil dibujar un diagrama de cinta del *antes* y un diagrama de cinta del *después*.

Problemas

1. Shelley comparó el número de robles al número de arces como parte de un estudio sobre árboles de madera dura en una arboleda. Ella contó 9 árboles de arce por cada 5 árboles de roble. Más adelante en el año hubo un problema de insectos y muchos árboles murieron. Se plantaron nuevos árboles para asegurarse de que hubiera el mismo número de árboles que antes del problema de insectos. La nueva razón del número de árboles de arce al número de árboles de roble es 3: 11. Después de plantar nuevos árboles, había 132 robles. ¿Cuántos árboles de arce más había en la arboleda antes del problema de insectos que después del problema de insectos? Explica.

2. La banda escolar está compuesta de estudiantes de la escuela intermedia y estudiantes de la escuela secundaria, pero siempre tiene la misma capacidad máxima. El año pasado, la razón del número de estudiantes de la escuela intermedia al número de estudiantes de secundaria era 1: 8. Sin embargo, este año la razón del número de estudiantes de la escuela intermedia al número de estudiantes de secundaria cambió a 2: 7. Si hay 18 estudiantes de la escuela intermedia en la banda este año, ¿cuántos estudiantes de secundaria menos hay en la banda este año comparado con el año pasado? Explica.

Lección 6: Resolver problemas encontrando razones equivalentes

Lección 7: Razones asociadas y el valor de una razón

Trabajo en clase

Ejemplo 1

¿Cuál de las siguientes representa correctamente que el número de bolas de chicle rojos es $\frac{5}{3}$ del número de bolas de chicle blanco?

a. Rojo [ ][ ][ ]
   Blanco [ ][ ][ ][ ][ ]

b. Rojo [ ][ ][ ][ ][ ]
   Blanco [ ][ ][ ]

c. Rojo [ ][ ][ ]
   Blanco [ ][ ]

d. Rojo [ ][ ][ ][ ][ ]
   Blanco [ ][ ][ ][ ][ ][ ][ ]

Ejemplo 2

La duración de dos películas se representa a continuación.

Película A [ ][ ][ ][ ]

Película B [ ][ ][ ][ ][ ][ ][ ]

a. La razón de la duración de la Película A y la duración de la Película B es _____ : _____.

b. La duración de la Película A es $\frac{\square}{\square}$ de la duración de la película B.

c. La duración de la Película B es $\frac{\square}{\square}$ de la duración de la película A.

Ejercicio 1

Sammy y Kaden fueron a pescar usando camarones vivos como carnada. Sammy compró 8 camarones más que Kaden. Cuando combinaron sus camarones tenían 32 camarones.

   a. ¿Cuántos camarones trajo cada niño?

   b. ¿Cuál es la razón del número de camarones que Sammy compró al número de camarones que Kaden compró?

   c. Expresa el número de camarones que Sammy compró como una fracción del número de camarones que Kaden compró.

   d. ¿Cuál es la razón del número de camarones que Sammy compró al número total de camarones?

   e. ¿Qué fracción del total de camarones trajo Sammy?

UNA HISTORIA DE PROPORCIONES — Lección 7 — 6•1

Ejercicio 2

Una empresa de alimentos que produce mantequilla de cacahuate decide probar una nueva versión de su mantequilla de cacahuate que es extra crujiente, usando el doble de número de trozos de cacahuate de lo normal. La empresa puso una muestra de su nuevo producto en las tiendas de comestibles y encontró que 5 de cada 9 clientes prefieren la nueva versión extra crujiente.

a. Vamos a hacer una lista de razones que pueden ser relevantes para esta situación.

   i. La razón del número que prefiere el nuevo extra crujiente al número total de encuestados es _____.

   ii. La razón del número que prefiere el crujiente normal al número total de encuestados es _____.

   iii. La razón del número que prefiriere el crujiente normal al número que prefiere el nuevo extra crujiente es _____.

   iv. La razón del número que prefiriere el nuevo extra crujiente al número que prefiriere el crujiente normal es _____.

b. Vamos a utilizar el valor de cada razón para hacer comparaciones multiplicativas para cada una de las razones que hemos descrito aquí.

   i. El número que prefiriere el nuevo extra crujiente es _____ del número total de encuestados.

   ii. El número que prefiriere el crujiente normal es _____ del número total de encuestados.

   iii. El número que prefirieren el crujiente normal es _____ de los que prefieren el nuevo extra crujiente.

   iv. El número que prefiriere el nuevo extra crujiente es _____ del que prefiere el crujiente normal.

c. Si la la empresa planifica producir 90,000 envases de mantequilla de cacahuate crujiente, ¿cuántos de estos envases deberían ser de esta nueva variedad de extra crujiente y cuántos de estos envases deberían ser de mantequilla de cacahuate crujiente normal? ¿Qué sería útil para resolver este problema? ¿Nos ayuda uno de los enunciados de comparación de arriba?

Lección 7: Razones asociadas y el valor de una razón

Intenta con los siguientes escenarios:

d. Si la empresa decide producir 2,000 envases de mantequilla de cacahuate crujiente normal, ¿cuántos envases de la nueva mantequilla de cacahuate extra crujiente produciría?

e. Si la empresa decide producir 10,000 envases de mantequilla de cacahuate extra crujiente, ¿cuántos envases de la mantequilla de cacahuate crujiente normal produciría?

f. Si la empresa decide solo producir 3,000 envases de la nueva mantequilla de cacahuate extra crujiente, ¿cuántos envases de la mantequilla de cacahuate crujiente normal produciría?

UNA HISTORIA DE PROPORCIONES

Lección 7

Resumen de la lección

Para una razón $A:B$, frecuentemente nos interesa la razón asociada $B:A$. Además, si A y B pueden medirse en la misma unidad, a menudo estamos interesados en las razones asociadas $A:(A+B)$ y $B:(A+B)$.

Por ejemplo, si Tom atrapó 33 peces y Kyle atrapó 55 peces, podemos decir:

La razón del número de peces que Tom atrapó al número de peces que Kyle atrapó es $3:5$.

La razón del número de peces que Kyle atrapó al número de peces que Tom atrapó es $5:3$.

La razón del número de peces que Tom atrapó al número total de peces atrapados por ambos es $3:8$.

La razón del número de peces que Kyle atrapó al número total de peces atrapados por ambos es $5:8$.

Para la razón $A:B$, donde $B \neq 0$, el valor de la razón es el cociente $\frac{A}{B}$.

Por ejemplo: Para la razón $6:8$, el valor de la razón es $\frac{6}{8}$ o $\frac{3}{4}$.

Problemas

1. Maritza está horneando galletas para llevar a la escuela y compartir con sus amigos en su cumpleaños. La receta requiere 3 huevos por cada 2 tazas de azúcar. Para tener suficientes galletas para todos sus amigos, Maritza determinó que necesitaría 12 huevos. Si su mamá compró 6 tazas de azúcar, ¿Maritza tiene suficiente azúcar para hacer las galletas? ¿Por qué sí o por qué no?

2. Hamza compró 8 galones de pintura marrón para pintar su cocina y comedor. Por desgracia, cuando Hamza empezó a pintar, pensó que la pintura era demasiado oscura para su casa, por lo que quiso hacerla más clara. El gerente de la tienda no dejó que Hamza devolviera la pintura, pero le dijo que si usaba $\frac{1}{4}$ de galón de pintura blanca mezclada con 2 galones de pintura marrón, obtendría el tono marrón que deseaba. Si Hamza decidiera tomar esta opción, ¿cuántos galones de pintura blanca tendría que comprar Hamza para aclarar 8 galones de pintura marrón?

Lección 7: Razones asociadas y el valor de una razón

Esta página se dejó en blanco intencionalmente

Lección 8: Razones equivalentes definidas por medio del valor de una razón

Trabajo en clase

Ejercicio 1

Encierra en un círculo cualquier razón equivalente en la lista de abajo.

Razón: 1:2

Razón: 5:10

Razón: 6:16

Razón: 12:32

Encuentra el valor de las siguientes razones, dejando tu respuesta como una fracción, pero vuelve a escribir la fracción usando la mayor unidad posible.

Razón: 1:2   Valor de la razón:

Razón: 5:10   Valor de la razón:

Razón: 6:16   Valor de la razón:

Razón: 12:32 Valor de la razón:

¿Qué notas sobre los valores de las razones equivalentes?

Ejercicio 2

Este es un teorema: Si $A:B$ con $B \neq 0$ y $C:D$ con $D \neq 0$ son equivalentes, entonces tienen el mismo valor: $\frac{A}{B} = \frac{C}{D}$.

Esto establece básicamente que si dos razones son equivalentes entonces sus valores son iguales (cuando tienen valores).

¿Puedes proporcionar algún contraejemplo al teorema anterior?

Ejercicio 3

Taivon está entrenando para un duatlón, una carrera que consiste de correr y montar en bicicleta. En la carrera, la etapa de montar en bicicleta es más larga que la etapa de correr, así que cuando Taivon entrena, monta en bicicleta más de lo que corre. Durante el entrenamiento, Taivon corre 4 millas por cada 14 millas que monta en su bicicleta.

a. Identifica la razón asociada con este problema y encuentra su valor.

Usa el valor de cada razón para resolver lo siguiente.

b. Cuando Taivon completó todo su entrenamiento para el duatlón, la razón del número total de millas que corrió al número de millas que montó en bicicleta fue 80 : 280. ¿Esto encaja con el programa de entrenamiento de Taivon? Explica por qué sí o por qué no.

c. En una sesión de entrenamiento, Taivon corrió 4 millas y montó en bicicleta 7 millas. ¿Representó esta sesión de entrenamiento una razón equivalente de la distancia que corrió a la distancia que montó en bicicleta? Explica por qué sí o por qué no.

Lección 8

Resumen de la lección

El *valor de la razón* $A:B$ es el cociente $\frac{A}{B}$ siempre que B no sea cero.

Si dos razones son equivalentes, entonces sus valores son iguales (cuando tienen valores).

Grupo de problemas

1. La razón del número de las secciones sombreadas al número de secciones no sombreadas es 4 a 2. ¿Cuál es el valor de la razón del número de piezas sombreadas al número de piezas sin sombreado?

   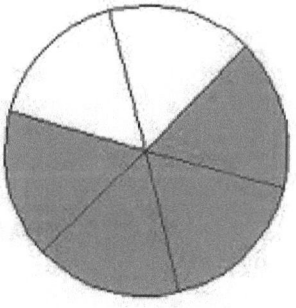

2. Usa el valor de la razón para determinar cuáles razones son equivalentes a $7:15$.
   a. $21:45$
   b. $14:45$
   c. $3:5$
   d. $63:135$

3. Sean estaba en práctica de bateo. Él hizo 25 abanicadas, pero solo le dio a la pelota 15 veces.
   a. Describe y escribe más de una razón relacionada con esta situación.
   b. Para cada razón que creaste, utiliza el valor de la razón para expresar una cantidad como una fracción de la otra cantidad.
   c. Elabora un problema escrito que un estudiante pueda resolver usando una de las razones y su valor.

4. Tu escuela intermedia tiene 900 estudiantes. $\frac{1}{3}$ de los estudiantes traen el almuerzo en vez de comprarlo en la escuela. ¿Cuál es el valor de la razón del número de estudiantes que traen su almuerzo al número de estudiantes que no lo traen?

Esta página se dejó en blanco intencionalmente

Lección 9: Tablas de razones equivalentes

Trabajo en clase

Ejemplo 1

Para hacer papel maché, la maestra de arte mezcla agua y harina. Por cada dos tazas de agua, ella debe mezclar tres tazas de harina para hacer la pasta.

Encuentren razones equivalentes para la relación de razones de 2 tazas de agua por cada 3 tazas de harina. Representen las razones equivalentes en la siguiente tabla:

Tazas de agua	Tazas de harina

Ejemplo 2

Javier tiene un nuevo trabajo diseñando sitios web. Le pagan a razón de $700 por cada 3 páginas de contenido web que crea. Genera una tabla de razones para mostrar la cantidad total de dinero que Javier se ha ganado en relación al número de páginas que ha creado.

Total de páginas creadas								
Cantidad total de dinero ganado								

Javier está ahorrando para comprar un auto usado que cuesta $4,200. ¿Cuántas páginas web debe crear Javier antes de poder pagar el auto?

Ejercicio 1

Rociar las plantas con jugo de harina de maíz es una forma natural de evitar el crecimiento de hongos en las plantas. Se hace sumergiendo harina de maíz en agua y usando dos tazas de jugo de maíz por cada nueve galones de agua. Completa la tabla de razones para contestar las siguientes preguntas.

Tazas de harina de maíz.	Galones de agua

a. ¿Cuántas tazas de harina de maíz deben añadirse a 45 galones de agua?

b. Paul solo tiene 8 tazas de harina de maíz. ¿Cuántos galones de agua debe añadir si quiere hacer tanto jugo de harina de maíz como le sea posible?

c. ¿Qué puedes decir sobre los valores de las razones en la tabla?

Ejercicio 2

James está instalando una pecera. Está comprando una especie de pez dorado que suele crecer hasta 12 pulgadas de largo. Se recomienda que haya 1 galón de agua por cada pulgada de longitud de los peces en el tanque. ¿Cuál es la razón recomendada de galones de agua por cada pez dorado adulto en el tanque?

Completa la tabla de razones para contestar las siguientes preguntas:

Número de peces	Galones de agua

a. ¿Cuál debe ser el tamaño del tanque (en galones) para que James pueda tener 5 peces dorados adultos?

b. ¿Cuántos peces adultos de colores pueden estar en un tanque de 40 galones?

c. ¿Qué puedes decir sobre los valores de las razones en la tabla?

Lección 9

6•1

UNA HISTORIA DE PROPORCIONES

Resumen de la lección

Una tabla de razones es una tabla con pares de números que forman razones equivalentes.

Problemas

Supón que cada una de las siguientes representa una tabla de razones equivalentes. Completa los valores faltantes. Después elige una de las tablas y crea un contexto del mundo real para las razones que se muestran en la tabla.

1.

8	22
12	33
16	44
20	55
24	66

2.

10	14
15	21
20	28
25	35
30	42

3.

6	34
9	51
12	68
15	85
18	102

Lección 9: Tablas de razones equivalentes

Esta página se dejó en blanco intencionalmente

UNA HISTORIA DE PROPORCIONES Lección 10 6•1

Lección 10: La estructura de las tablas de razones: aditiva y multiplicativa

Trabajo en clase

Desafío exploratorio

Imagínate que estás haciendo una ensalada de frutas. Por cada cuarto de galón de arándanos que agregas, deberías agregar 3 cuartos de galón de fresas. Elabora tres tablas de razones para demostrar las cantidades de arándanos y fresas que usarías si necesitaras hacer ensalada de frutas para una mayor cantidad de personas.

La tabla 1 debería contener las cantidades en las que añadiste menos de 10 cuartos de galón de arándanos a la ensalada.

La tabla 2 contiene las cantidades de arándanos entre e incluyendo 10 y 50 cuartos de galón.

La tabla 3 contiene las cantidades de arándanos mayores e iguales que 100 cuartos de galón.

Tabla 1	
Cuartos de galón de arándanos	Cuartos de galón de fresas

Tabla 2	
Cuartos de galón de arándanos	Cuartos de galón de fresas

Tabla 3	
Cuartos de galón de arándanos	Cuartos de galón de fresas

a. Describe cualquier patrón que veas en las tablas. Sé específico(a) con tus descripciones.

b. ¿Cómo se relacionan entre sí las cantidades de arándanos y de fresas?

c. ¿Cómo se relacionan entre sí los valores en la columna de arándanos?

d. ¿Cómo se relacionan entre sí los valores en la columna de fresas?

UNA HISTORIA DE PROPORCIONES   **Lección 10**   6•1

e. Si sabemos que queremos sumar 7 cuartos de galón de arándanos a la ensalada de frutas en la Tabla 1, ¿cómo podemos usar la tabla para que nos ayude a determinar cuántas fresas agregar?

f. Si sabemos que utilizamos 70 cuartos de galón de arándanos para hacer nuestra ensalada, ¿cómo podemos usar una tabla de razones para encontrar cuántos cuartos de galón de fresas se usaron?

Ejercicio 1

Las siguientes tablas se hicieron de forma incorrecta. Encuentra los errores que se cometieron, crea la tabla de razones correctamente y establece la razón que se utilizó para hacer la tabla de razones correctamente.

a.

Horas	Pago en dólares
3	24
5	40
7	52
9	72

Horas	Pago en dólares

Razón _____

b.

Azul	Amarillo
1	5
4	8
7	13
10	16

Azul	Amarillo

Razón _____

Lección 10: La estructura de las tablas de razones: aditiva y multiplicativa   S.45

Resumen de la lección

Las tablas de razones se construyen de forma especial.

Cada par de valores en la tabla será equivalente a la misma razón.

red	white
3	12
6	24
12	48
21	84

6 : 24   21 : 84
1 : 4   1 : 4

La suma o multiplicación repetida se puede utilizar para crear una tabla de razones.

Los valores de la primera columna se pueden multiplicar por un valor constante para obtener los valores en la segunda columna.

roja		blanco
3	×4	12
6	×4	24
12	×4	48
21	×4	84

Con tan sólo sumar un número determinado en la primera entrada de una razón en la primera columna y sumando el mismo número a la segunda entrada en la segunda columna, la nueva razón que se forma por lo general no es equivalente a la razón original. En cambio, los números que se agregan a las entradas deben estar relacionados con la razón utilizada para hacer la tabla. Sin embargo, si las entradas de una columna se multiplican por una cierta cantidad, el multiplicar las entradas de la otra columna por el mismo número crea razones equivalentes.

red	white
3	12
6	24
12	48
21	84

×7 (izquierda)   ×7 (derecha)

Problemas

1.
   a. Crea una de tabla de razones para hacer limonada con una razón de jugo de limón a agua de 1:3. Muestra cuánto jugo de limón sería necesario si usaras 36 tazas de agua para hacer limonada.
   b. ¿Cómo se usa el valor de la razón para crear la tabla?

2. Ryan hizo una tabla para mostrar cuánta pintura azul y roja mezcló para obtener el tono morado que usará para pintar la habitación. Quiere usar la tabla para tandas lotes más grandes y más pequeñas de pintura morada.

Azul	Roja
12	3
20	5
28	7
36	9

   a. ¿Qué razón se utilizó para crear esta tabla? Respalda tu respuesta.
   b. ¿Cómo se relacionan entre sí los valores de cada fila?
   c. ¿Cómo se relacionan entre sí los valores de cada columna?

Esta página se dejó en blanco intencionalmente

Lección 11: Comparación de razones por medio de tablas de razones

Trabajo en clase

Ejemplo 1

Elabora cuatro razones equivalentes (2 con escalamiento ascendiente y 2 con escalamiento descendiente) usando la razón 30 a 80.

Escribe una razón para describir la relación que aparece en la tabla.

Horas	Total de pizzas vendidas
2	16
5	40
6	48
10	80

Ejercicio 1

Las siguientes tablas muestran cuántas palabras puede enviar cada persona en una cantidad dada de tiempo. Compara las razones de mensajes de texto para cada persona usando la tabla de razones.

Michaela

Minutos	3	5	7	9
Palabras	150	250	350	450

Jenna

Minutos	2	4	6	8
Palabras	90	180	270	360

María

Minutos	3	6	9	12
Palabras	120	240	360	480

UNA HISTORIA DE PROPORCIONES

Lección 11 6•1

Completa la tabla para que muestre que Max tiene una tasa de envío de mensajes de texto de 55 palabras por minuto.

Max

Minutos				
Palabras				

Ejercicio 2: Hacer jugo (comparar jugo con agua)

a. Las tablas a continuación muestran la comparación de la cantidad de agua con la cantidad de concentrado de jugo (CJ) en el jugo de uva hecho por tres personas diferentes. ¿Cuál jugo tiene la mayor razón de agua-concentrado de jugo y cuál de los jugos tendría un sabor más fuerte? Asegúrate de justificar tu respuesta.

El jugo de Laredo			El jugo de Franca			El jugo de Milton		
Agua	CJ	Total	Agua	CJ	Total	Agua	CJ	Total
12	4	16	10	2	12	8	2	10
15	5	20	15	3	18	16	4	20
21	7	28	25	5	30	24	6	30
45	15	60	40	8	48	40	10	50

Pon los jugos en orden desde el jugo que contiene la mayor cantidad de agua al jugo que contiene la menor cantidad de agua.

_____   _____   _____

Explica cómo utilizaste los valores de la tabla para determinar el orden.

¿Qué razón se utilizó para crear cada tabla?

Laredo: _____   Franca: _____

Milton: _____

Explica cómo la razón podría ayudarte a comparar los jugos.

Lección 11: Comparación de razones por medio de tablas de razones

b. Al día siguiente, cada una de las tres personas hizo jugo nuevamente, pero esta vez estaban haciendo jugo de manzana. ¿Cuál jugo tiene la mayor razón de agua-concentrado de jugo y cuál de los jugos tendría un sabor más fuerte? Asegúrate de justificar tu respuesta.

El jugo de Laredo		
Agua	CJ	Total
12	2	14
18	3	21
30	5	35
42	7	49

El jugo de Franca		
Agua	CJ	Total
15	6	21
20	8	28
35	14	49
50	20	70

El jugo de Milton		
Agua	CJ	Total
16	6	22
24	9	33
40	15	55
64	24	88

Pon los jugos en orden desde el jugo que tiene el sabor más fuerte a manzana al jugo que tiene el sabor más débil a manzana.

_____   _____   _____

Explica cómo utilizaste los valores de la tabla para determinar el orden.

¿Qué razón se utilizó para crear cada tabla?

Laredo: _____   Franca: _____

Milton: _____

Explica cómo la razón podría ayudarte a comparar los jugos.

¿En qué se diferencia este problema de las preguntas del jugo de uva en la parte (a)?

c. Max y Sheila están haciendo jugo de naranja. Max ha mezclado 15 tazas de agua con 4 tazas de concentrado de jugo. Sheila ha hecho su jugo mezclando 8 tazas de agua con 3 tazas de concentrado de jugo. Compara la razón de concentrado de jugo a agua usando tablas de razones. Afirma cuál bebida tiene una razón más alta de concentrado de jugo-agua.

d. Víctor está preparando recetas para batidos. Su primera receta pide 2 tazas de fresas y 7 tazas de otros ingredientes. Su segunda receta dice que 3 tazas de fresas se combinan con 9 tazas de otros ingredientes. ¿Qué receta de batidos tiene más fresas comparadas con otros ingredientes? Utiliza tablas de razones para justificar tu respuesta.

UNA HISTORIA DE PROPORCIONES   Lección 11   6•1

Resumen de la lección

Se pueden usar las tablas de razones para comparar dos razones.

Busca cantidades iguales en una fila o columna para comparar la segunda cantidad asociada a ella.

3	6	12	30
7	14	28	70

10	25	30	45
16	40	48	72

Los valores de las tablas también pueden extenderse con el fin de obtener cantidades comparables. Otro método sería comparar los valores de las razones escribiendo los valores de las razones como fracciones y después usar el conocimiento de fracciones para comparar las razones.

Cuando las razones se dan usando palabras, crear una tabla de razones equivalentes ayuda a comparar las razones.

12: 35 comparado con 8: 20

Cantidad 1	12	24	36	48
Cantidad 2	35	70	105	140

Cantidad 1	8	56
Cantidad 2	20	140

Problemas

1. Sara y Eva estaban nadando.

   a. Utiliza las tablas de razones para determinar quién nada más rápido.

   Sara

Tiempo (min)	3	5	12	17
Distancia (metros)	75	125	300	425

   Eva

Tiempo (min)	2	7	10	20
Distancia (metros)	52	182	260	520

   b. Explica el método que usaste para determinar tu respuesta.

2. Una persona de 120 lb. pesaría aproximadamente 20 lb. en la superficie de la luna. Una 150 lb. persona pesaría 28 lb. en Io, una luna de Júpiter. Utiliza tablas de razones para determinar cuál luna haría que una persona pese más.

Lección 11:   Comparación de razones por medio de tablas de razones   S.53

Esta página se dejó en blanco intencionalmente

Lección 12: De las tablas de razones a los diagramas de doble recta numérica

Trabajo en clase

Ejercicio 2

La cantidad de bebidas azucaradas que los estadounidenses consumen es un problema de salud importante. Para una marca dada de refrescos de cola, una porción de cola de 12 oz contiene alrededor de 40 g de azúcar. Completa la tabla de razones, usando la razón dada para encontrar las razones equivalentes.

Cola (onzas)		12	
Azúcar (gramos)		40	

Ejercicio 3

Una botella de 1 L de refresco de cola contiene aproximadamente 34 onzas de líquido. ¿Cuántos gramos de azúcar habrá en una botella de 1 L de un refresco de cola? Explica y muestra cómo llegar a la solución.

Ejercicio 4

Una cafetería escolar tiene una restricción sobre la cantidad de bebidas azucaradas disponibles para los estudiantes. Las bebidas no deben tener más de 25 g de azúcar. Basado en esta restricción, ¿cuál es el refresco de cola de mayor tamaño (en onzas) que la cafetería puede ofrecerles a los estudiantes?

Ejercicio 5

Shontelle resuelve tres problemas matemáticos en cuatro minutos.

a. Usa esta información para completar la siguiente tabla.

Total de preguntas	3	6	9	12	15	18	21	24	27	30
Total de minutos										

b. Shontelle tiene práctica de futbol la noche del jueves. Tiene media hora antes de la práctica para trabajar en su tarea de matemáticas y para hablar con sus amigas. De tarea tiene 20 preguntas sobre habilidad-trabajo matemático y quiere completarlas antes de hablar con sus amigas. ¿Cuántos minutos le quedarán a Shontelle después de completar su tarea de matemáticas para hablar con sus amigas?

Usa un diagrama de doble recta numérica para respaldar tu respuesta y mostrar todo el trabajo.

Lección 12

Resumen de la lección

Una *doble recta numérica* es una representación de una relación de razones usando un par de rectas numéricas paralelas. Una recta numérica se dibuja sobre la otra para que los ceros de cada recta numérica estén alineados directamente el uno con el otro. Cada razón en una relación de razones se representa en la recta numérica doble al trazar siempre la primera entrada de la razón sobre una de las rectas numéricas y trazar la segunda entrada sobre la otra recta numérica para que la segunda entrada esté alineada con la primera entrada.

Problemas

1. Cuando se fue de compras, Kyla encontró un vestido que le gustaría comprar, pero cuesta $52.25 más de lo que tiene. Kyla cobra $5.50 la hora por cuidar niños. Quiere determinar durante cuántas horas debe cuidar niños para ganarse $52.25 para comprar el vestido. Usa una recta numérica doble para respaldar tu respuesta.

2. Frank ha estado conduciendo a una velocidad constante por 3 horas, durante ese tiempo viajó 195 millas. Frank quisiera saber cuánto tiempo le tomará terminar las 455 millas que le quedan, suponiendo que mantenga la misma velocidad constante. Ayuda a Frank a determinar cuánto tiempo le tomará el resto del viaje. Incluye una tabla o diagrama para respaldar tu respuesta.

Esta página se dejó en blanco intencionalmente

Lección 13: De las tablas de razones a las ecuaciones usando el valor de una razón

Trabajo en clase

Ejercicio 1

Jorge está haciendo una mezcla de un tono especial de pintura naranja. Mezcló 1 de galón de pintura roja con 3 galones de pintura amarilla.

Basándote en esta razón, ¿cuáles de los siguientes enunciados son ciertos?

- $\frac{3}{4}$ de 4 galones de mezcla son de pintura amarilla.

- Cada 1 galón de pintura amarilla requiere $\frac{1}{3}$ de galón de pintura roja.

- Cada 1 galón de pintura roja requiere 3 de galón de pintura amarilla.

- Hay 1 galón de pintura roja mezclada con 4 galones de pintura naranja.

- Hay 2 galones de pintura amarilla mezclada con 8 galones de pintura naranja.

Usa el siguiente espacio para determinar si cada enunciado es cierto o falso.

Ejercicio 2

Basándote en la información de la pintura roja y amarilla dada en el Ejercicio 1, completa la tabla a continuación.

Pintura roja (R)	Pintura amarilla (Y)	Relación
	3	$3 = 1 \times 3$
2		
	9	$9 = 3 \times 3$
	12	
5		

Ejercicio 3

a. Jorge ahora planea mezclar pintura roja y pintura azul para crear pintura de color púrpura. El color púrpura que él ha decidido hacer combina pintura roja y pintura azul a razón de 4: 1. Si Jorge solo puede comprar la pintura en galones, construye una tabla de razones para todas las combinaciones posibles de pintura roja y azul que le darán a Jorge no más de 25 galones de pintura púrpura.

Azul (B)	Rojo (R)	Relación

Escribe una ecuación que le permita a Jorge calcular la cantidad de pintura roja que necesitará por cualquier cantidad dada de pintura azul.

Escribe una ecuación que le permitirá Jorge calcular la cantidad de pintura azul que necesitará por cualquier cantidad dada de pintura roja.

Si Jorge tiene 24 galones de pintura roja, ¿qué cantidad de pintura azul tendría que usar para crear el color púrpura deseado?

Si Jorge tiene 24 galones de pintura azul, ¿qué cantidad de pintura roja tendría que usar para crear el color púrpura deseado?

b. Usando la misma razón de rojo y azul de arriba, crea una tabla que represente la relación de pintura (total) de los tres colores, azul, rojo y púrpura en la tabla. Deja que B represente el número de galones de pintura azul, R el número de galones de pintura roja y T el número total de galones de pintura (púrpura). Después, escribe una ecuación que represente la relación entre la pintura azul y la pintura total, y contesta las preguntas.

Azul (B)	Rojo (R)	Pintura total (T)

Ecuación:

Valor de la razón de pintura total a pintura azul:

¿En que se relaciona la ecuación con el valor de la razón?

Ejercicio 4

Durante un ejercicio de entrenamientos de la Fuerza Aérea de Estados Unidos, la razón entre el número de hombres y el número de mujeres era $6:1$. Usa la tabla de razones dada a continuación para crear al menos dos ecuaciones que representen la relación entre el número de hombres y el número de mujeres que participan en este este entrenamiento.

Mujeres (W)	Hombres (M)

Ecuaciones:

Si 200 mujeres participaron en el entrenamiento, utiliza una de tus ecuaciones para calcular el número de hombres que participaron.

Ejercicio 5

Malia está en un viaje de carretera. Durante los primeros cinco minutos de viaje de Malia, ve **18** carros y **6** camiones. Suponiendo que la razón de carros y camiones se mantiene constante durante la duración del viaje, completa la tabla de razones usando esta comparación. Deja que T represente el número de camiones que ve y que C represente el número de carros que ve.

Camiones (T)	Carros (C)
1	
3	
	18
12	
	60

¿Cuál es el valor de la razón del número de carros al número de camiones?

¿Qué ecuación representaría la relación entre los carros y los camiones?

Al final del viaje, Malia había contado 1,254 camiones. ¿Cuántos carros vio?

Ejercicio 6

Kevin está entrenando para correr el medio maratón. Su programa de entrenamiento recomienda que corra durante 5 minutos y camine por 1 minuto. Deja que R represente al número de minutos que corre y deja que W represente el número de minutos que camina.

Minutos que corre (R)		10	20		50
Minutos que camina (W)	1	2		8	

¿Cuál es el valor de la razón del número de minutos que camina al número de minutos que corre?

¿Qué ecuación puedes usar para calcular los minutos dedicados a caminar si conoces los minutos dedicados a correr?

UNA HISTORIA DE PROPORCIONES — Lección 13 — 6•1

Resumen de la lección

El valor de una razón se puede determinar usando una tabla de razones. Este valor se puede utilizar para escribir una ecuación que también representa la razón.

Ejemplo:

1	4
2	8
3	12
4	16

La tabla de multiplicación puede ser un recurso valioso para ver las razones. Las diferentes filas se pueden utilizar para encontrar las razones equivalentes.

Problemas

Una receta de galletas pide 1 taza de azúcar blanca y 3 tazas de azúcar morena.

Haz una tabla que muestre la comparación de la cantidad de azúcar blanca y la cantidad de azúcar morena.

Azúcar blanca (W)	Azúcar morena (B)

1. Escribe el valor de la razón de la cantidad de azúcar blanca a a cantidad de azúcar morena.

2. Escribe una ecuación que muestra la relación de la cantidad de azúcar blanca y la cantidad de azúcar morena.

3. Explica cómo se puede ver en la tabla el valor de la razón.

4. Explica cómo se puede ver en la ecuación el valor de la razón.

Lección 13: De las tablas de razones a las ecuaciones usando el valor de una razón

Utilizando la misma receta, compara la cantidad de azúcar blanca y la cantidad de azúcar total utilizada en la receta.

Haz una tabla que muestra la comparación de la cantidad de azúcar blanca y la cantidad de azúcar total.

Azúcar blanca (W)	Azúcar total (T)

5. Escribe el valor de la razón de la cantidad de azúcar total y la cantidad de azúcar blanca.

6. Escribe una ecuación que muestra la relación de la azúcar total y la azúcar blanca.

Esta página se dejó en blanco intencionalmente

UNA HISTORIA DE PROPORCIONES — Lección 14 — 6•1

Lección 14: De las tablas de razones, ecuaciones y diagramas de doble recta númerica al trazado en el plano de coordenadas

Trabajo en clase

Kelli está viajando en tren con su equipo de fútbol desde Yonkers, NY, hasta Morgantown, WV, para un torneo. La distancia entre Yonkers y Morgantown es de 400 millas. El viaje total tardará 8 horas. A continuación se proporciona el itinerario del tren:

Saliendo de Yonkers, Nueva York	
Destino	Distancia
Allentown, PA	100 millas
Carlisle, PA	200 millas
Berkeley Springs, WV	300 millas
Morgantown, WV	400 millas

Saliendo de Morgantown, WV	
Destino	Distancia
Berkeley Springs, WV	100 millas
Carlisle, PA	200 millas
Allentown, PA	300 millas
Yonkers, NY	400 millas

Ejercicios

1. Crea una tabla para mostrar el tiempo que le tomará a Kelli y a su equipo viajar desde Yonkers a cada pueblo que aparece en el itinerario, suponiendo que la razón de la cantidad de tiempo viajada a la distancia recorrida es la misma para cada ciudad. Luego, extiende la tabla para incluir el tiempo acumulado que tomará llegar a cada destino en el camino a casa.

Horas	Millas

2. Crea un diagrama de recta numérica doble para mostrar el tiempo que tardarán Kelli y su equipo en viajar desde Yonkers a cada pueblo que aparece en el itinerario. Luego, extiende el diagrama de recta numérica doble para incluir el tiempo acumulado que tardará en llegar a cada destino en el viaje a casa. Representa la razón de la distancia recorrida en el viaje de ida y vuelta a la cantidad de tiempo transcurrido en una ecuación.

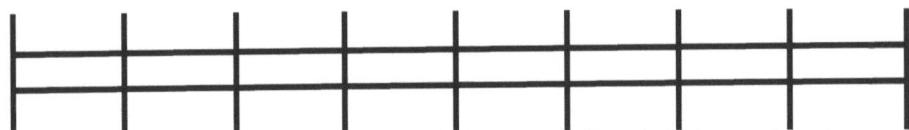

Usando la información del diagrama de recta numérica doble, ¿cuántas millas se recorrerían en una hora?
_____

¿Cómo lo sabes?
_____
_____

Ejemplo 1

El servicio de comida empieza una vez que el tren está a 250 millas de Yonkers. ¿Cuál es el tiempo mínimo que los jugadores tendrán que esperar antes de que puedan recibir su comida?

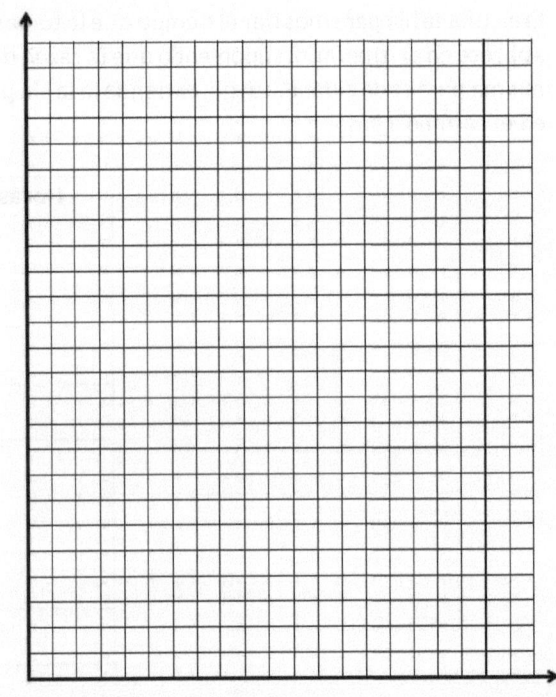

Horas	Millas	Pares ordenados

UNA HISTORIA DE PROPORCIONES

Lección 14

6•1

Resumen de la lección

Una tabla de razones o un diagrama de recta numérica doble se puede usar para crear pares ordenados. Luego, estos pares ordenados pueden representarse gráficamente en un plano de coordenadas como una representación de la razón.

Ejemplo:

Ecuación: $y = 3x$

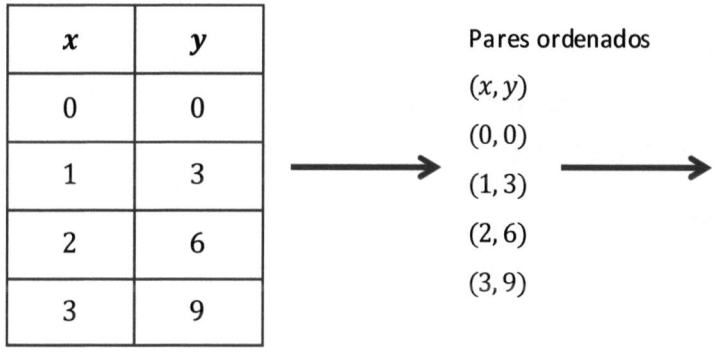

Pares ordenados

(x, y)

$(0, 0)$

$(1, 3)$

$(2, 6)$

$(3, 9)$

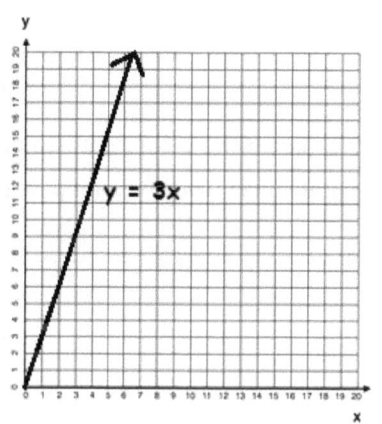

Problemas

1. Completa la tabla de valores para encontrar lo siguiente:

    Encuentra el número de tazas de azúcar necesarias si por cada pastel que Karrie haga, ella tiene que usar 3 tazas de azúcar.

Pasteles	Tazas de azúcar
1	
2	
3	
4	
5	
6	

    Usen una gráfica para representar la relación.

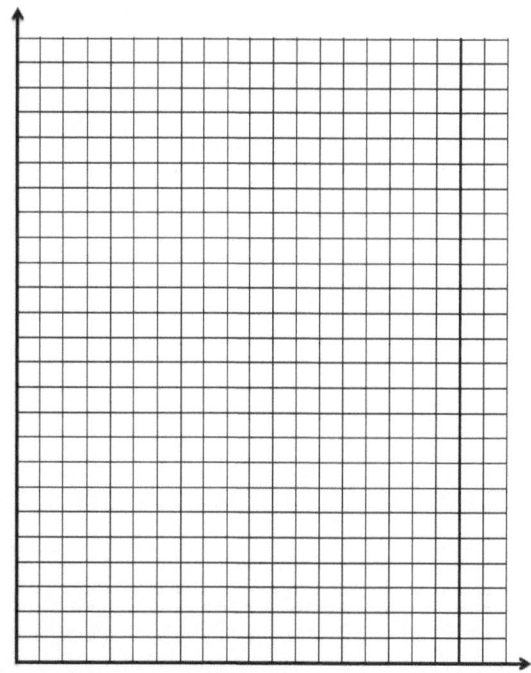

Lección 14: De las tablas de razones, ecuaciones y diagramas de doble recta numérica al trazado en el plano de coordenadas

Crea un diagrama de recta numérica doble para mostrar la relación.

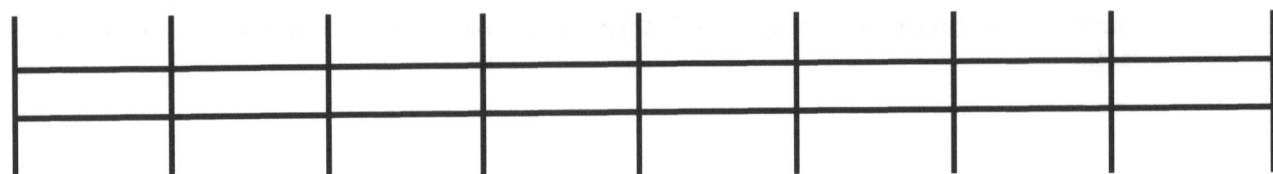

2. Escribe una historia con contexto que fuera representada por la razón 1:4.
   Completa una tabla de valores para esta ecuación y gráfica.

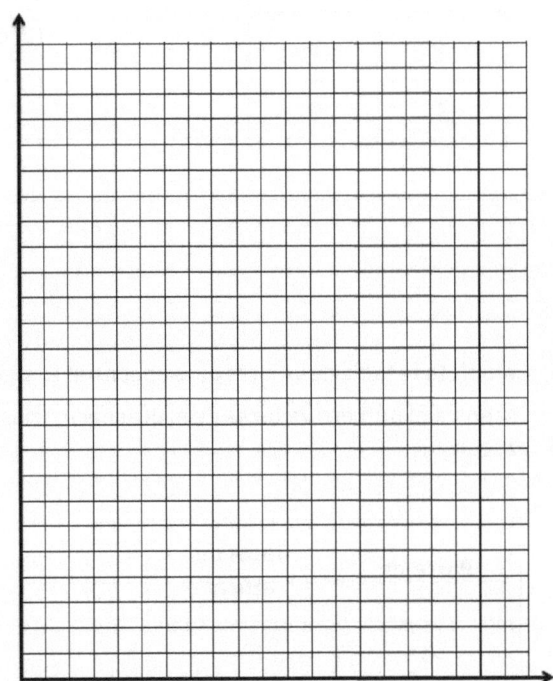

Lección 15: Una síntesis de las representaciones de grupos de razones equivalentes

Trabajo en clase

Desafío exploratorio

Al terminar las noticias esta mañana, la estación de televisión local hizo un reportaje sobre mascotas que necesitan ser adoptadas. La estación publicó una página web específica en la pantalla para que la audiencia pudiera encontrar más información sobre las mascotas en el reportaje y el proceso de adopción. El productor de televisión revisó la página web 2 horas después de la emisión y vio que ya había tenido 24 visitas. Una hora después de eso, la página tenía 36 visitas.

Ejercicio 1

Crea una tabla para determinar cuántas visitas tuvo la página web una hora después de la emisión, basado en el total de visitas que tuvo dos y tres horas después de la emisión. Usando esta relación, pronostica cuántas visitas tendrá la página web 4, 5 y 6 horas después de la emisión.

Ejercicio 2

¿Cuál es el número constante, c, que hace que estas razones sean equivalentes?

Usa una ecuación para representar la relación entre el total de visitas, v, que tuvo la página web y el total de horas, h, después de la emisión de esta mañana.

Ejercicio 3

Usa la tabla creada en el ejercicio 1 para identificar conjuntos de pares ordenados con los que podemos hacer una gráfica.

Ejercicio 4

Usa los pares ordenados que han creado para representar la relación entre las horas y el total de visitas en un plano de coordenadas. Identifica los ejes y ponle un título a la gráfica. ¿Los puntos que trazaste caen en una línea?

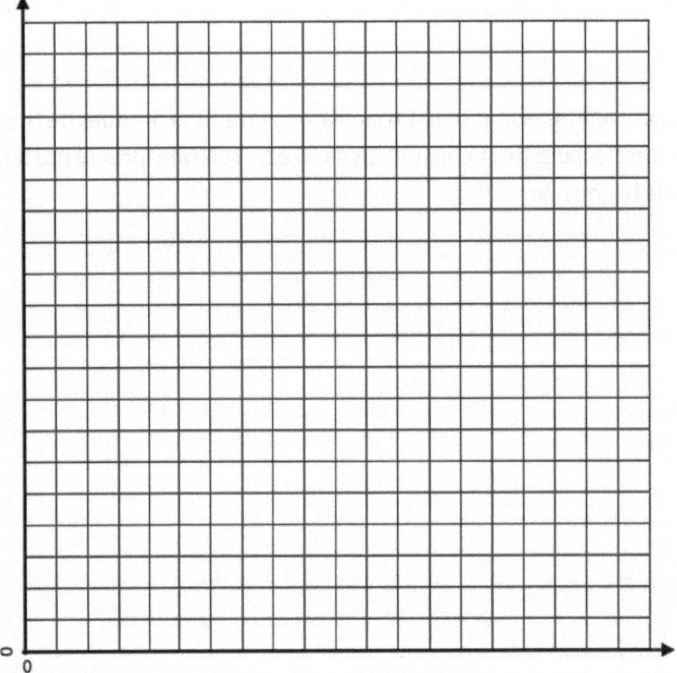

Ejercicio 5

Pronostica cuántas visitas tendrá la página web doce horas después. Usa por lo menos dos representaciones (diagrama de cinta, tabla, diagrama de doble recta numérica) para justificar su respuesta.

Ejercicio 6

En la misma emisión, el chef de un restaurante italiano local hizo una demostración de cómo hace pasta fresca para su restaurante diariamente. A continuación, aparece la receta para la pasta:

3 huevos, batidos

1 cucharadas de sal

2 tazas de harina común

2 cucharadas de agua

2 cucharadas de aceite vegetal

Establece la razón del número de cucharadas de agua al número de huevos.

De acuerdo a la información que aparece en la siguiente tabla, completa la información faltante. Usa pares ordenados para representar la relación entre el número de cucharadas de agua y el número de huevos.

Cucharadas de agua	Número de huevos
2	
4	
6	
8	
10	
12	

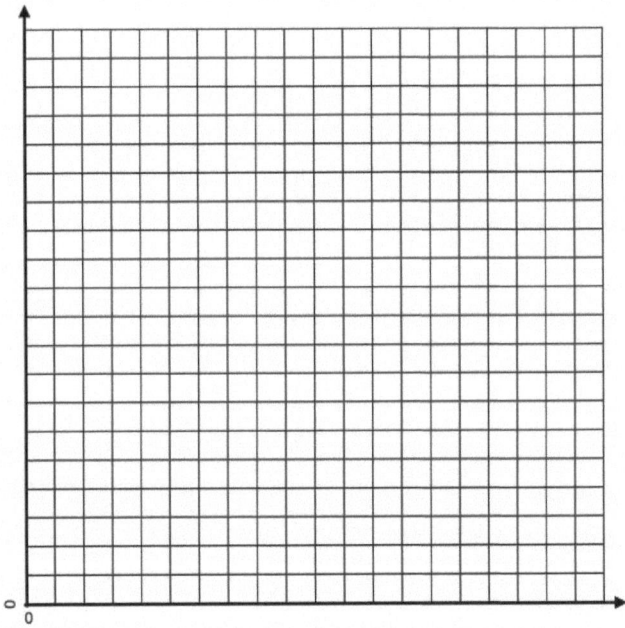

¿Qué tendrían que hacerle a la gráfica para encontrar el número de huevos que se necesitarían si la receta fuera para mayor cantidad y necesitara 16 cucharadas de agua?

Trázalo en tu gráfica.

¿Cuántos huevos se necesitarían si la receta necesitara 16 cucharadas de agua?

Ejercicio 7

Determina cuántas cucharadas de agua se necesitarían si el chef hace una cantidad mayor de pasta y la receta aumenta el número de huevos a 36. Respalda tu razonamiento usando al menos un diagrama que pienses que se aplica mejor a la situación y explica por qué esa herramienta es la mejor en este caso.

Lección 15

> **Resumen de la lección**
>
> Hay muchas formas de representar la misma agrupación de razones equivalentes. Entre ellas, podemos mencionar: las tablas de razón, los diagramas de cinta, los diagramas de doble recta numérica, las ecuaciones y las gráficas en planos de coordenadas.

Problemas

1. El productor de la televisión local publicó un artículo sobre la ceremonia del campeonato de fútbol americano de la escuela secundaria en una nueva página web. La página web tuvo 500 visitas después de cuatro horas. Haz una nueva tabla para mostrar cuántas visitas habría tenido la página web después de una, dos y tres horas después de la publicación, si es que la página web recibe visitas con la misma frecuencia. ¿Cuántas visitas recibiría la página web después de 5 horas?

2. Escribe una ecuación que represente la relación del problema 1. ¿Ves algún vínculo entre las ecuaciones que escribiste y la razón del número de visitas al número de horas?

3. Usa la tabla del problema 1 para hacer una lista de pares ordenados que podrías trazar en el plano de coordenadas.

4. Haz una gráfica de los pares ordenados sobre el plano de coordenadas. Identifica los ejes y ponle un título a la gráfica.

5. Usa diferentes herramientas para pronosticar cuántas visitas tendrá la página web después de 12 horas.

Lección 16: De razones a tasas

Trabajo en clase

Las razones se pueden transformar en tasas y tasas unitarias.

Ejemplo: Introducción a las tasas y tasas unitarias

El refresco dietético estaba en oferta la semana pasada; $10 por cada 4 paquetes de refresco de dieta.

a. ¿Cuánto costaron 2 paquetes de refresco dietético?

b. ¿Cuánto cuesta 1 paquete de refresco dietético?

Desafío exploratorio

a. Teagan fue a Gamer Realm para comprar nuevos videojuegos. Gamer Realm tenía una oferta especial: $65 por 4 videojuegos. Compró 3 juegos para sí mismo y otro juego para su amigo, Diego, pero Teagan no sabe cuánto le debe Diego por el juego. ¿Cuál es el precio por unidad de los videojuegos? ¿Cuál es la unidad por tasa?

UNA HISTORIA DE PROPORCIONES   Lección 16   6•1

b. Cuatro aficionados al fútbol se turnaron para conducir la distancia desde Nueva York a Oklahoma para ver un gran juego. Cada conductor ajustó el control crucero durante su porción de viaje, permitiéndole viajar a una velocidad constante. El grupo cambió de conductores cada vez que pararon por gasolina y escribieron los tiempos de conducción y las distancias en la siguiente tabla.

Aficionado	Distancia (millas)	Tiempo (horas)
Andre	208	4
Mateo	456	8
Janaye	300	6
Greyson	265	5

Utiliza los datos dados para contestar las siguientes preguntas.

i. ¿Cuáles son las dos cantidades que se están comparando?

ii. ¿Cuál es la razón de las dos cantidades para parte del viaje de Andrés? ¿Cuál es la tasa asociada?

La razón de Andrés: _____   La tasa de Andrés: _____

iii. Responde las mismas dos preguntas de la parte (ii) para los otros tres conductores.

La razón de Mateo: _____   La tasa de Mateo: _____

La razón de Janaye: _____   La tasa de Janaye: _____

La razón de Greyson: _____   La tasa de Greyson: _____

iv. Para cada conductor en las partes (ii) y (iii), encierra en un círculo la tasa unitaria y pon un rectángulo alrededor de la unidad por tasa.

c. Una editorial está buscando nuevos empleados para escribir novelas que serán publicadas pronto. La editorial quiere encontrar a alguien que pueda escribir por lo menos 45 palabras por minuto. Dominique descubrió que puede escribir a un ritmo constante de 704 palabras en 16 minutos. ¿Dominique teclea a un ritmo lo suficientemente rápido como para reunir los requisitos para el trabajo? Explica por qué sí o por qué no.

UNA HISTORIA DE PROPORCIONES   Lección 16   6•1

> **Resumen de la lección**
>
> Una *tasa* es una cantidad que describe una relación de razones entre dos tipos de cantidades.
>
> Por ejemplo, 15 millas/hora es una tasa que describe una relación de razones entre horas y millas: Si un objeto está viajando a una velocidad constante de 15 millas/hora, después de 1 hora ha recorrido 15 millas, después de 2 horas ha recorrido 30 millas, después de 3 horas ha recorrido 45 millas y así sucesivamente.
>
> Cuando una tasa se escribe como una medida, la *tasa unitaria* es la medida (es decir, la parte numérica de la medida). Por ejemplo, cuando la tasa de velocidad de un objeto se escribe como la medida de 15 millas/hora, el número 15 es la tasa unitaria. La unidad de medida es millas/hora, que se lee como "millas por hora".

Problemas

La familia de Scott está tratando de ahorrar tanto dinero como sea posible. Una manera de reducir el dinero que gastan es buscando ofertas mientras realizan sus compras. Sin embargo, la familia de Scott necesita ayuda para determinar cuáles tiendas tienen las mejores ofertas.

1. En Grocery Mart, las fresas cuestan $2.99 por 2 lb y las fresas en el Mercado Baldwin Hills son $3.99 por 3 lb.

    a. ¿Cuál es el precio unitario de las fresas en cada tienda de alimentos? Redondea al centavo más cercano, si es necesario

    b. Si la familia Scott quisiera ahorrar dinero, ¿a dónde deben ir a comprar las fresas? ¿Por qué?

2. Las patatas están en oferta tanto en Grocery Mart como en el Mercado Baldwin Hills. En Grocery Mart, una bolsa de patatas de 5 lb costó $2.85 y en el Mercado Baldwin Hills una bolsa de patatas de 7 lb. costó $4.20. ¿Cuál tienda ofrece la mejor oferta de patatas? ¿Cómo lo sabes? ¿Cuán mejor es el precio?

Lección 16:   De razones a tasas

Esta página se dejó en blanco intencionalmente

Lección 17: De tasas a razones

Trabajo en clase

Dada una tasa, pueden calcular la razón unitaria y las razones asociadas. Los estudiantes reconocen que todas las razones asociadas con una tasa dada son equivalentes porque tienen el mismo valor.

Ejemplo 1

Escribe cada razón como una tasa.

a. La razón de las millas a la cantidad de horas es 434 a 7.

b. La razón de la cantidad de vueltas a la cantidad de minutos es 5 a 4.

Ejemplo 2

a. Completa el siguiente modelo usando la razón del ejemplo 1, parte (b).

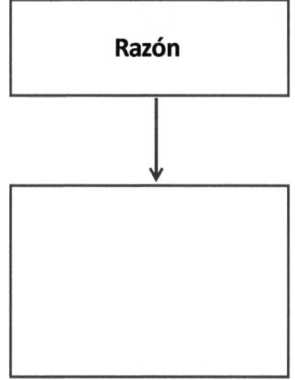
Razón

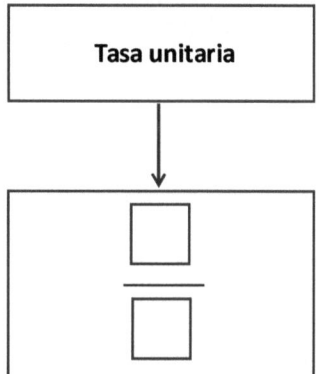
Tasa unitaria

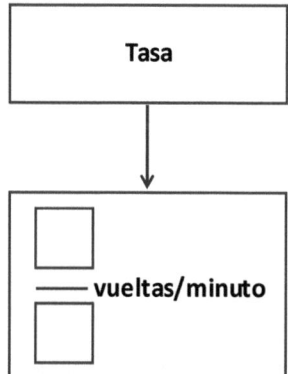
Tasa

_____ vueltas/minuto

b. Completa el siguiente modelo usando ahora la tasa que se enumera a continuación.

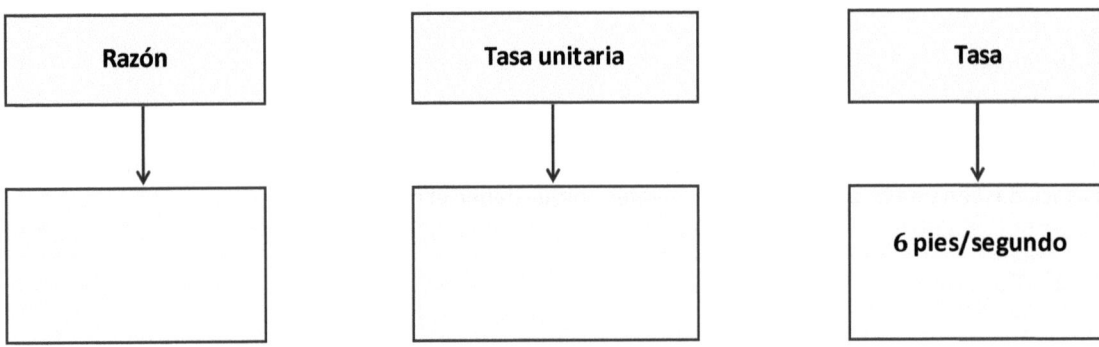

Ejemplos 3–6

3. Dave puede limpiar piscinas a un ritmo constante de $\frac{3}{5}$ piscinas/hora.

   a. ¿Cuál es la razón de la cantidad de piscinas a la cantidad de horas?

   b. ¿Cuántas piscinas puede limpiar Dave en 10 horas?

   c. ¿Cuánto tiempo le toma a Dave limpiar 15 piscinas?

4. Emeline puede teclear a un ritmo constante de $\frac{1}{4}$ páginas/minuto.

   a. ¿Cuál es la razón de la cantidad de páginas a la cantidad de minutos?

   b. Emeline tiene que escribir un artículo de 5 páginas, pero solo le quedan 18 minutos antes de la hora de entrega. ¿Tiene Emeline tiempo suficiente para escribir el artículo? ¿Por qué sí o por qué no?

   c. Emeline tiene que escribir un artículo de 7 páginas. ¿Cuánto tiempo le tomará?

5. Xavier puede nadar a una velocidad constante de $\frac{5}{3}$ metros/segundo.

   a. ¿Cuál es la razón de la cantidad de metros a la cantidad de segundos?

   b. Xavier está tratando de clasificar para la Competencia Nacional de Natación. Para reunir los requisitos, debe completar una carrera de 100 metros en 55 segundos. ¿Podrá clasificar Xavier? ¿Por qué sí o por qué no?

   c. Xavier también está tratando de clasificar para la misma competencia en el evento de 200 metros. Para clasificar, Xavier tendría que completar la carrera en 130 segundos. ¿Podrá clasificar Xavier en esta carrera? ¿Por qué sí o por qué no?

6. La tienda de la esquina vende manzanas a una tasa de 1.25 dólares por manzana.

   a. ¿Cuál es la razón de la cantidad de dólares a la cantidad de manzanas?

   b. Akia solo puede gastar $10 en manzanas. ¿Cuántas manzanas puede comprar?

   c. Christian tiene $6 en su billetera y quiere gastarlos en manzanas. ¿Cuántas manzanas puede comprar Christian?

UNA HISTORIA DE PROPORCIONES   **Lección 17** 6•1

Resumen de la lección

Una tasa de $\frac{2}{3}$ gal/min corresponde a la tasa unitaria de $\frac{2}{3}$ y también corresponde a la razón de 2: 3.

Todas las razones asociadas con una tasa dada son equivalentes porque tienen el mismo valor.

Problemas

1. Una vez que un avión comercial alcanza la altitud deseada, frecuentemente el piloto viaja a velocidad de crucero. En promedio, la velocidad de crucero es de 570 millas/hora. Si un avión viaja a velocidad de crucero durante 7 horas, ¿qué distancia recorre el avión mientras viaja a esta velocidad?

2. En Denver, Colorado, a menudo caen tormentas de nieve que resultan en varias pulgadas de nieve acumulada. Durante la última tormenta de nieve, la nieve se acumuló a $\frac{4}{5}$ pulgadas/hora. Si la nieve continúa a este ritmo durante 10 horas, ¿cuánta nieve se acumulará?

Esta página se dejó en blanco intencionalmente

UNA HISTORIA DE PROPORCIONES   Lección 18   6•1

Lección 18: Encontrar una tasa dividiendo dos cantidades

Trabajo en clase

Ejercicios de representación matemática

1. En Fun Burger, el experto en hamburguesas puede hacer hamburguesas a un ritmo de 4 hamburguesas por minuto. Para hacer frente al gran volumen de clientes, él necesita continuar a ese ritmo durante 30 minutes. Si él continúa haciendo hamburguesas a este ritmo, ¿cuántas hamburguesas hará el experto en hamburguesas en 30 minutos?

2. Chandra es editora de la New York Gazette. Su trabajo es leer cada artículo antes de que lo impriman en el periódico. Si Chandra puede leer 10 palabras por segundo, ¿cuántas palabras puede leer ella en 60 segundos?

Lección 18:   Encontrar una tasa dividiendo dos cantidades   S.87

Ejercicios

Usa la siguiente tabla para anotar tu trabajo y las respuestas para las estaciones.

1.
2.
3.
4.
5.
6.

UNA HISTORIA DE PROPORCIONES   Lección 18   6•1

> **Resumen de la lección**
>
> Podemos convertir unidades de medida usando tasas. La información se puede usar para interpretar mejor el problema. Aquí hay un ejemplo:
>
> $$\left(5\frac{\text{gal}}{\text{min}}\right) \cdot (10 \text{ min}) = \frac{5 \text{ gal}}{1 \text{ \cancel{min}}} \cdot 10 \text{ \cancel{min}} = 50 \text{ gal}$$

Problemas

1. Enguun se gana $17 por hora como tutora de estudiantes y atletas en la Universidad de Brooklyn.
   a. Si Enguun trabajó como tutora durante 12 horas este mes, ¿cuánto dinero se ganó este mes?
   b. Si Enguun trabajó como tutora durante 19.5 horas el mes pasado, ¿cuánto dinero se ganó el mes pasado?

2. El Club de Natación de Piney Creek se está preparando para el día de apertura de la temporada de verano. La piscina contiene 22,410 galones de agua y el agua se bombea a 540 galones por hora. El club de natación tiene su primera práctica en 42 horas. ¿Estará llena la piscina a tiempo? Explica tu respuesta.

Lección 18: Encontrar una tasa dividiendo dos cantidades

Esta página se dejó en blanco intencionalmente

Lección 19: Comparación de precios: precio unitario y conversiones de medidas relacionadas

Trabajo en clase

Analizar tablas, gráficas y ecuaciones con el propósito de comparar tasas.

Ejemplos: Crear tablas desde ecuaciones

1. La razón de tazas de pintura azul a tazas de pintura roja es de 1: 2, lo que significa que por cada taza de pintura azul, hay dos tazas de pintura roja. En este caso, la ecuación sería roja = 2× azul o $r = 2b$, donde b representa la cantidad de pintura azul y r representa la cantidad de pintura roja. Haz una tabla de valores.

2. La Srta. Siple es una bibliotecaria que realmente disfruta leer. Puede leer $\frac{3}{4}$ de un libro en un día. Esta relación puede representarse por la ecuación días = $\frac{3}{4}$ libros, que puede ser escrita como $d = \frac{3}{4}b$, donde b es el número de libros y d es el número de días.

Ejercicios

1. Bryan y ShaNiece están entrenando para una carrera de bicicletas y quieren comparar quién corre su bicicleta a una velocidad más rápida. Ambos ciclistas usan aplicaciones en sus teléfonos para registrar el tiempo y distancia de sus viajes en bicicleta. La aplicación de Bryan mantiene un registro de su ruta en una tabla y la aplicación de ShaNiece presenta la información en una gráfica. La información se muestra a continuación.

   Bryan:

Total de horas	0	3	6
Total de millas	0	75	150

   ShaNiece:

   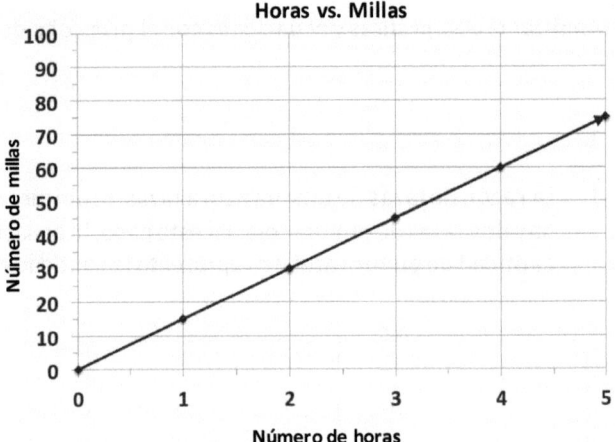

   a. ¿A qué velocidad viaja cada ciclista? Explica cómo llegaste a tu respuesta.

   b. ShaNiece quiere ganar la carrera de bicicletas. Haz una nueva gráfica para mostrar la velocidad que ShaNiece tendría que alcanzar en su bicicleta para poder ganarle a Bryan.

   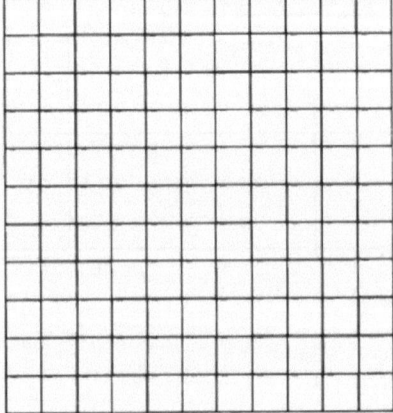

2. Braylen y Tyce trabajan en una tienda de departamentos y les pagan por hora. El gerente les dijo a los muchachos que ambos se ganarían el mismo monto de dinero por hora, pero Braylen y Tyce no estuvieron de acuerdo. Cada uno mantuvo un registro de cuánto dinero se ganaba para poder determinar si el gerente estaba en lo correcto. A continuación, se muestran sus datos.

Braylen: $m = 10.50h$, donde h representa el número de horas trabajadas y m representa el monto de dinero que le pagaron a Braylen.

Tyce:

Total de horas	0	3	6
Dinero en dólares	0	34.50	69

a. ¿Cuánto se ganó cada persona en una hora?

b. ¿El gerente estaba en lo correcto? ¿Por qué sí o por qué no?

3. Clara y Kate están participando en un concurso de apilar tazas. Ambas niñas tienen la misma estrategia: apilar las tazas a un ritmo constante para que no se retrasen al final de la carrera. Mientras practican, mantienen un registro de su progreso, el cual se muestra a continuación.

Clara:

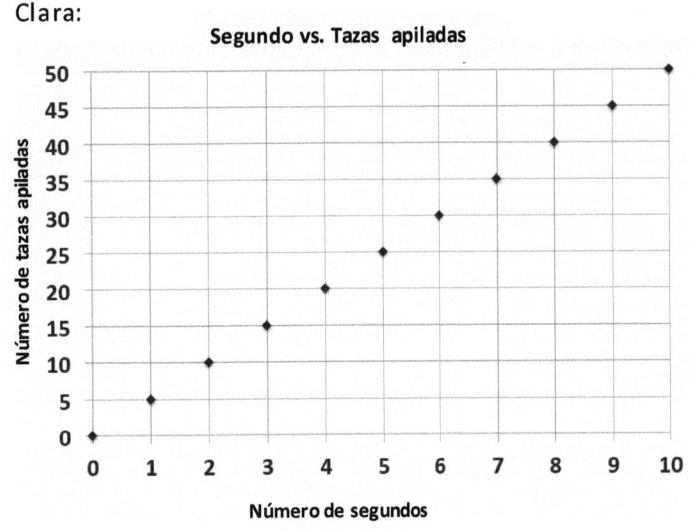

Kate: $c = 4t$, donde t representa la cantidad de tiempo en segundos y c representa el número de tazas apiladas.

a. ¿A qué ritmo apila cada niña sus tazas durante las sesiones de práctica?

b. Kate se da cuenta que no está apilando sus tazas lo suficientemente rápido. ¿Cómo se vería la ecuación de Kate si quisiera apilar tazas más rápido que Clara?

Lección 19

Resumen de la lección

Al comparar tasas y razones, es mejor encontrar la tasa unitaria.

Comparar tasas unitarias puede suceder a través de tablas, gráficas y ecuaciones.

Problemas

A Víctor le estaba costando decidir cuál vehículo nuevo debería comprar. Decidió tomar la decisión final basándose en la eficiencia de gasolina de cada carro. Un carro que tienen mayor eficiencia de gasolina recorre más millas por galón de gasolina. Cuando le preguntó al gerente en cada concesionaria de carros los datos del rendimiento de combustible, recibió dos diferentes representaciones, las cuales se muestran a continuación.

Vehículo 1: Leyenda

Galones de gasolina	4	8	12
Total de millas	72	144	216

Vehículo 2: Supremo

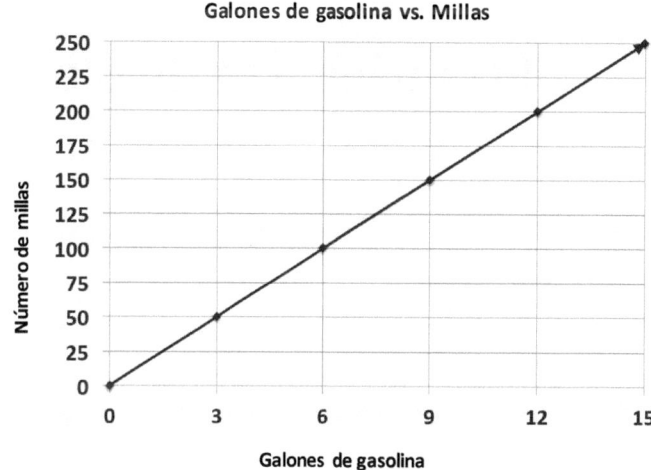

1. Si Víctor basara su decisión solo en el rendimiento del combustible, ¿cuál carro debería comprar? Respalda tu respuesta.

2. Después de comparar el Leyenda con el Supremo, Víctor vio un anuncio para un tercer vehículo, el Lunar. El gerente dijo que el Lunar puede viajar alrededor de 289 millas con un tanque de gasolina. Si el tanque de gasolina puede contener 17 galones de gasolina, ¿el Lunar sería la mejor opción para Víctor? ¿Por qué sí o por qué no?

Esta página se dejó en blanco intencionalmente

Lección 20: Comparación de precios: precio unitario y conversiones de medidas relacionadas

Trabajo en clase
Se completará una actividad con el fin de ganar confianza en la comparación de las tasas en tablas, gráficas y ecuaciones.

Ejemplo 1: Notas del Boleto de salida
Toma notas de la discusión en el espacio a continuación.

Notas:

Desafío exploratorio

a. Mallory tiene un presupuesto y quiere determinar cuál cereal es una mejor compra. Una caja de 10 onzas de cereal cuesta $2.79 y una caja de 13 onzas del mismo cereal cuesta $3.99.

   i. ¿Cuál caja de cereal debe comprar Mallory?

   ii. ¿Cuál es la diferencia entre los dos precios unitarios?

UNA HISTORIA DE PROPORCIONES   Lección 20   6•1

b. Vivian quiere comprar una sandía. Kingston's Market tiene sandías de 10 libras por $3.90, pero Farmer's Market tiene sandías de 12 onzas por $4.44.

   i. ¿Cuál mercado tiene el mejor precio de la sandía?

   ii. ¿Cuál es la diferencia entre los dos precios unitarios?

c. Mitch necesita comprar gaseosas para una fiesta para los empleados. Está tratando de averiguar si es más barato comprar el paquete de 12 gaseosas o el paquete de 20 gaseosas. El paquete de 12 gaseosas cuesta $3.99 y el paquete de 20 gaseosas cuesta $5.48.

   i. ¿Qué paquete debe escoger Mitch?

   ii. ¿Cuál es la diferencia en el costo de latas de gaseosas individuales de cada uno de los dos paquetes?

d. El Sr. Steiner necesita comprar 60 pilas tipo AA. Una tienda cercana vende un paquete de 20 pilas tipo AA por $12.49 y un paquete de 12 pilas iguales por $7.20.

   i. ¿Sería menos costoso para el Sr. Steiner comprar las pilas en paquetes de 20 o paquetes de 12?

   ii. ¿Cuál es la diferencia entre el costo de una pila de cada paquete?

e. La siguiente tabla muestra la cantidad de calorías que Mike quema mientras corre.

Número de millas corridas	3	6	9	12
Número de calorías quemadas	360	720		1,440

Llena la parte faltante de la tabla.

S.98   Lección 20: Comparación de precios: precio unitario y conversiones de medidas relacionadas

f. Emilio quiere comprar una motocicleta nueva. Quiere comparar la eficiencia de gasolina para cada motocicleta antes de hacer la compra. Las concesionarias presentaron los datos a continuación.

Motocicleta deportiva:

Número de galones de gasolina	5	10	15	20
Total de millas	287.5	575	862.5	1,150

Motocicleta recreativa:

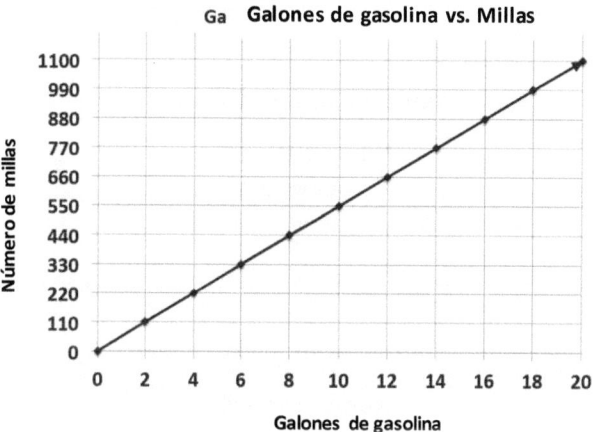

¿Cuál motocicleta es más eficiente con la gasolina y por cuánto?

g. La Escuela Intermedia Milton planifica la compra de una nueva copiadora. El director ha reducido las opciones a dos modelos: SuperFast Deluxe y Quick Copies. Su plan es comprar la copiadora que copie al ritmo más rápido. Usa la siguiente información para determinar cuál copiadora debe escoger el director.

SuperFast Deluxe:

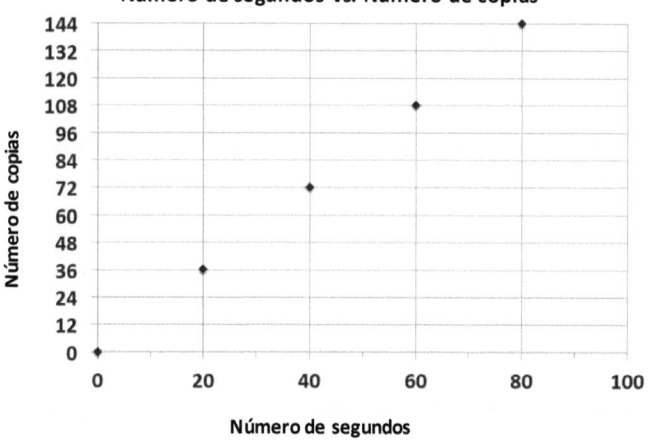

Quick Copies:

$$c = 1.5t$$

(donde t representa la cantidad de tiempo en segundos, y c representa el número de copias)

h. Elías y Sean están participando en una caminata para recaudar fondos. Cada estudiante quiere calcular la cantidad de dinero que obtendría de sus patrocinadores en diferentes puntos de la caminata. Usa la información en las tablas a continuación para determinar cuál estudiante obtendría más dinero si ambos caminaran la misma distancia. ¿Cuánto dinero se ganaría ese estudiante por milla?

Plan del patrocinador de Elías:

Número de millas caminadas	7	14	21	28
Dinero ganado en dólares	35	70	105	140

Plan del patrocinador de Sean:

Número de millas caminadas	6	12	18	24
Dinero ganado en dólares	33	66	99	132

i. Gerson va a comprar una nueva computadora para usarla en su nuevo trabajo y también para descargar películas. Debe decidir entre dos computadoras diferentes. ¿Cuántos kilobytes más descarga la computadora más rápida en un segundo?

Opción 1: La velocidad de descarga se representa con la siguiente ecuación: $k = 153\,t$, donde t representa la cantidad de tiempo en segundos y k representa el número de kilobytes.

Opción 2: La velocidad de descarga se representa con la siguiente ecuación: $k = 150\,t$, donde t representa la cantidad de tiempo en segundos y k representa el número de kilobytes.

j. Zyearaye está tratando de decidir en cuál compañía de seguridad se ganaría más dinero por su trabajo. Usa las gráficas a continuación para mostrar la tasa de comisión potencial de Zyearaye y determinar cuál compañía le pagaría más comisiones a Zyearaye. ¿Cuántas comisiones más ganaría Zyearaye por escoger la compañía con la mejor tasa?

Superior Security:

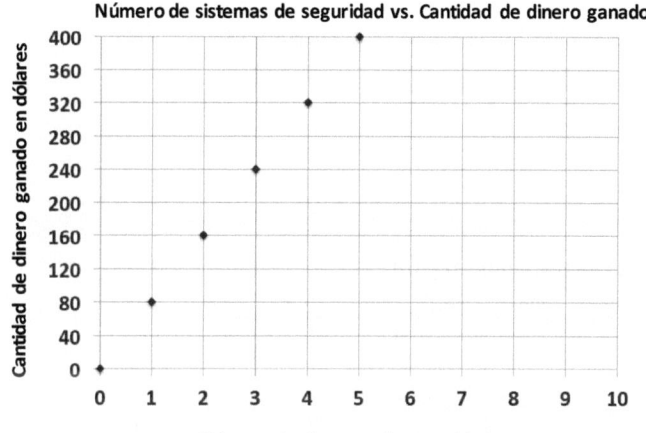

Top Notch Security:

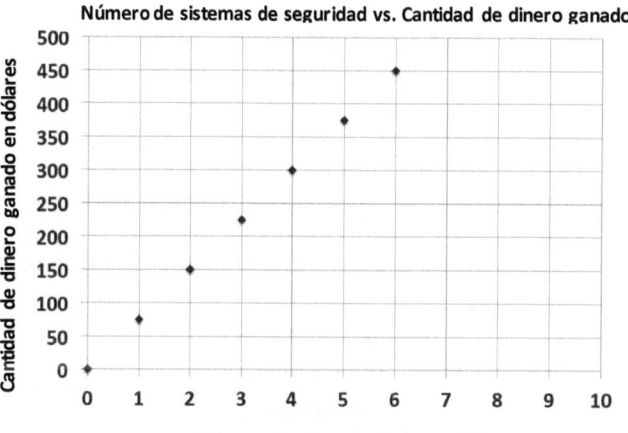

k. Emilia y Miranda son hermanas y su mamá acaba de suscribirlas en un nuevo plan de telefonía celular porque envían demasiados mensajes de texto. Usando la información a continuación, determina cuál hermana envía más mensajes de texto. ¿Cuántos mensajes de texto más envía esta hermana por semana?

Emilia:

Número de semanas	3	6	9	12
Número de mensajes de texto	1,200	2,400	3,600	4,800

Miranda: $m = 410w$, donde w representa el número de semanas y m representa el número de mensajes de texto.

Lección 20

Resumen de la lección

La tasa unitaria se puede encontrar en tablas, gráficas y ecuaciones.

- Tabla: la tasa unitaria es el valor de la primera cantidad cuando la segunda cantidad es 1.
- Gráficas: La tasa unitaria es el valor de r en el punto $(1, r)$.
- Ecuación: La tasa unitaria es el número constante en la ecuación. Por ejemplo, la tasa unitaria en $r = 3b$ es 3.

Problemas

La siguiente tabla muestra la cantidad de dinero que Gabe se gana trabajando en un café.

Horas trabajadas	3	6	9	12
Dinero ganado (en dólares)	40.50	81.00	121.50	162.00

1. ¿Cuánto se gana Gabe por hora?

2. Jordan es otro empleado en el mismo café. Ha trabajado allí más tiempo que Gabe y gana $3 más por hora que Gabe. Completa la tabla a continuación para mostrar cuánto se gana Jordan.

Horas trabajadas	4	8	12	16
Dinero ganado (en dólares)				

3. Serena es la gerente del café. La cantidad de dinero que ella se gana se representa con la ecuación $m = 21h$, donde h es el número de horas que Serena trabaja y m es la cantidad de dinero que se gana. ¿Cuánto dinero más se gana Serena en una hora que Gabe? Explica tu razonamiento.

4. El mes pasado, Jordan recibió un ascenso y se convirtió en gerente. Ahora se gana la misma cantidad que Serena. ¿Cuánto dinero más se gana por hora ahora que es gerente que antes de su ascenso? Explica tu razonamiento.

Lección 21: Hacer el trabajo: velocidad, trabajo y unidades de medida

Trabajo en clase

Las tablas de conversión contienen razones que pueden usarse para convertir unidades de longitud, peso o capacidad. Se debe de multiplicar el número dado por la razón que compara las dos unidades.

Ejercicio inicial

Identifica las razones asociadas con las conversiones entre pies, pulgadas y yardas.

12 pulgadas = _____ pie; la razón de pulgadas a pies es _____.

1 pie = _____ pulgadas; la razón de pies a pulgadas es _____.

3 pies = _____ yarda; la razón de pies a yardas es _____.

1 yarda = _____ pies; la razón de yardas a pies es _____.

Ejemplo 1

Trabaja con tu compañero(a) para encontrar cuántos pies hay en 48 pulgadas. Haz una tabla de razones que compare los pies con las pulgadas. Usa la razón de conversión de 12 pulgadas por pie o $\frac{1}{12}$ pies por pulgada.

Ejemplo 2

¿Cuántos gramos hay en 6 kilogramos? Nuevamente, haz un registro de tu trabajo antes de usar la calculadora. La tasa sería de 1,000 gramos por kg. La tasa unitaria sería 1,000.

Ejercicio 1

¿Cuántas tazas hay en 5 cuartos de galón? Como siempre, haz un registro de tu trabajo antes de usar la calculadora. La tasa sería de 4 tazas por kg. La tasa unitaria sería 4.

Ejercicio 2

¿Cuántos cuartos de galón hay en 10 tazas?

UNA HISTORIA DE PROPORCIONES

Lección 21 6•1

> Resumen de la lección
>
> Las tablas de conversión contienen razones que pueden usarse para convertir unidades de longitud, peso o capacidad. Se debe multiplicar el número dado por la razón que compara las dos unidades.

Problemas

1. 7 pies = _____ in

2. 100 yd. = _____ pies

3. 25 m = _____ cm

4. 5 km = _____ m

5. 96 oz. = _____ lb

6. 2 mi. = _____ pies

7. 2 mi. = _____ yd

8. 32 fl. oz. = _____ c

9. 1,500 mL = _____ l

10. 6 g = _____ mg

11. Beau compra una bolsa de 3 libras de mezcla de frutos secos para un recorrido de senderismo. Quiere hacer bolsas de una onza para los amigos con los que hará el recorrido de senderismo. ¿Cuántas bolsas de una onza puede hacer? _____

12. El peso máximo para un camión en las autopistas de Nueva York es de 40 toneladas. ¿Cuántas libras es esto? _____

13. Los esquís de Claudia tienen 150 centímetros de largo. ¿Cuántos metros es esto? _____

14. Los esquís de Claudia tienen 150 centímetros de largo. ¿Cuántos milímetros es esto? _____

15. Escribe tu propio problema y resuélvelo. Prepárate para compartir la pregunta mañana.

Lección 21: Hacer el trabajo: velocidad, trabajo y unidades de medida

UNA HISTORIA DE PROPORCIONES　　　　　　　　　　　　　　　　　　　Lección 21　6•1

Unidades de longitud en el sistema americano	Conversión
Pulgada (in)	$1 \text{ in} = \frac{1}{12} \text{ ft}$
Pie (ft)	1 ft = 12 in
Yarda (yd)	1 yd = 3 ft 1 yd = 36 in
Milla (mi)	1 mi = 1,760 yd 1 mi = 5,280 ft

Unidades métricas de longitud	Conversión
Centímetro (cm)	1 cm = 10 mm
Metro (m)	1 m = 100 cm 1 m = 1,000 mm
Kilómetro (km)	1 km = 1,000 m

Unidades de peso en el sistema americano	Conversión
Libra (lb)	1 lb = 16 oz
Tonelada (T)	1 T = 2,000 lb

Unidades métricas de capacidad	Conversión
Litro (L)	1 l = 1,000 ml
Kilolitro (kl)	1 kl = 1,000 l

Unidades de capacidad del sistema anglosajón	Conversión
Taza (c)	1 c = 8 onzas de fluido
Pinta (pt)	1 pt = 2 c
Cuarto (qt)	1 qt = 4 c 1 qt = 2 pt 1 qt = 32 onzas de fluido
Galón (gal)	1 gal = 4 qt 1 gal = 8 pt 1 gal = 16 c 1 gal = 128 onzas de fluido

Unidades de masa en el sistema métrico	Conversión
Gramo (g)	1 g = 1,000 mg
kilogramo (kg)	1 kg = 1,000 g

Lección 22: Hacer el trabajo: velocidad, trabajo y unidades de medida

Trabajo en clase

Si un objeto se mueve a una tasa de velocidad constante durante cierto tiempo, es posible encontrar qué tan lejos viajó el objeto multiplicando la tasa por el tiempo. En lenguaje matemático, decimos, distancia = velocidad · tiempo.

Ejemplo 1

Caminante: Sustituye la distancia y el tiempo del caminante en la ecuación y resuelvan para obtener la tasa de velocidad.

distancia = velocidad · tiempo
$d = r \cdot t$

Pista: Considera las unidades con las que deseas terminar. Si deseas terminar con la velocidad (pies/segundo) y después dividir la distancia (pies) por el tiempo (segundos).

Corredor: Sustituye el tiempo y la distancia del corredor en la ecuación para encontrar la tasa de velocidad.

distancia = velocidad · tiempo
$d = r \cdot t$

UNA HISTORIA DE PROPORCIONES Lección 22 6•1

Ejemplo 2

Parte 1: Chris Johnson corrió la carrera de 40 yardas en 4.24 segundos. ¿Cuál es la tasa de velocidad? Redondea la respuesta a la centésima más cercana.

distancia = velocidad · tiempo

$d = r \cdot t$

Parte 2: En la Lección 21, convertimos unidades de medida usando tasas unitarias. Si el corredor pudiera correr a un ritmo constante, ¿cuántas yardas correría en una hora? Este problema puede resolverse dividiéndolo en dos pasos. Trabaja con un compañero(a) y haz un registro de tus cálculos.

   a. ¿Cuántas yardas correrá en un minuto?

   b. ¿Cuántas yardas correrá en una hora?

   Resolvimos ese problema en dos pasos separados, pero es posible resolver el mismo problema en un solo paso. Podemos multiplicar las yardas por segundo por los segundos por minuto, luego por los minutos por hora.

   $$\_\_\_\_\_ \frac{\text{yardas.}}{\text{segundo}} \cdot 60 \frac{\text{segundos}}{\text{minuto}} \cdot 60 \frac{\text{minutos}}{\text{hora}} = \_\_\_\_\_ \text{ yardas en una hora}$$

   Tacha las unidades que se encuentran en el numerador y en el denominador de la expresión ya que estas se cancelan mutuamente.

Parte 3: ¿Cuántas millas corrió el corredor en esa hora? Redondea tu respuesta a la décima más cercana.

Tacha las unidades que se encuentran en el numerador y en el denominador de la expresión ya que se anulan entre sí.

Lección 22: Hacer el trabajo: velocidad, trabajo y unidades de medida

Lección 22

UNA HISTORIA DE PROPORCIONES

Ejercicios: Viaje por carretera

Ejercicio 1

Manejé mi carro con control de crucero a 65 millas por hora durante 3 horas sin parar. ¿Qué distancia recorrí?

$d = r \cdot t$

$d = $ _____ $\dfrac{\text{millas}}{\text{hora}} \cdot$ _____ horas

Tacha las unidades que se encuentran en el numerador y en el denominador de la expresión ya que estas se cancelan mutuamente.

$d = $ _____ millas

Ejercicio 2

En el viaje por carretera, el límite de velocidad cambió a 50 millas por hora en una zona en construcción. El tráfico se movía a un ritmo constante (50 millas por hora) y me tardé 15 minutos (0.25 horas) para cruzar la zona. ¿Cuál fue la distancia de la zona en construcción? (Redondea tu respuesta a la centésima de milla más cercana).

$d = r \cdot t$

$d = $ _____ $\dfrac{\text{millas}}{\text{hora}} \cdot$ _____ horas

Lección 22: Hacer el trabajo: velocidad, trabajo y unidades de medida

Lección 22

UNA HISTORIA DE PROPORCIONES

Resumen de la lección

La distancia, la velocidad y el tiempo se relacionan por la fórmula $d = r \cdot t$.

Saber dos de los valores nos permite calcular el tercero.

Problemas

1. Si el avión de Adam viajó a una velocidad constante de 375 millas por hora durante seis horas, ¿qué distancia recorrió el avión?

2. Un ratón de campo corrió una pista recta de 360 centímetros en 9 segundos. ¿A qué velocidad corrió?

3. **Otro** ratón de campo se tardó 7 segundos en correr una carrera de 350 centímetros. ¿A qué velocidad corrió?

4. Un lento barco viaja a China a una velocidad constante de 17.25 millas por hora durante 200 horas. ¿Qué distancia recorrió en el viaje?

5. El Sopwith Camel era un avión biplano de combate con un solo asiento en la Segunda Guerra Mundial que se introdujo en el frente occidental en 1917. Si viaja a su velocidad máxima de 110 millas por hora en una dirección durante $2\frac{1}{2}$ horas, ¿qué distancia viaja?

6. Un maratonista de clase mundial puede correr 26.2 millas en 2 horas. ¿Cuál es la tasa de velocidad del maratonista?

7. Una babosa de plátano se puede mover a 17 cm por minuto. Si una babosa del plátano viaja durante 5 horas, ¿qué distancia recorrerá?

UNA HISTORIA DE PROPORCIONES — Lección 23

Lección 23: Resolución de problemas usando tasas, tasas unitarias y conversiones

Trabajo en clase

- Si una persona está haciendo el trabajo a una tasa constante y otra persona lo está haciendo a una tasa constante diferente, ambas tasas pueden convertirse a sus tasas unitarias y luego compararse directamente.
- "Trabajo" puede incluir actividades hechas en cierto periodo de tiempo, velocidades de correr o nadar, etc.

Ejemplo 1: Césped recién cortado

Supongamos que el sábado por la mañana puedes cortar 3 céspedes en 5 horas y tu amigo puede cortar 5 céspedes en 8 horas. ¿Quién está cortando céspedes a una tasa más rápida?

$$\frac{3 \text{ céspedes}}{5 \text{ horas}} = \frac{\underline{} \text{ céspedes}}{1 \text{ hora}} \qquad \frac{5 \text{ céspedes}}{8 \text{ horas}} = \frac{\underline{} \text{ céspedes}}{1 \text{ hora}}$$

Ejemplo 2: Publicidad en un restaurante

$$\frac{\underline{} \text{ menús}}{\underline{} \text{ horas}} = \frac{\underline{} \text{ menús}}{1 \text{ hora}} \qquad \frac{\underline{} \text{ menús}}{\underline{} \text{ horas}} = \frac{\underline{} \text{ menús}}{1 \text{ hora}}$$

UNA HISTORIA DE PROPORCIONES Lección 23 6•1

Ejemplo 3: Supervivencia del más apto

$$\frac{\underline{} \text{ pies}}{\underline{} \text{ segundos}} = \frac{\underline{} \text{ pies}}{1 \text{ segundo}} \qquad \frac{\underline{} \text{ pies}}{\underline{} \text{ segundos}} = \frac{\underline{} \text{ pies}}{1 \text{ segundo}}$$

Ejemplo 4: Dedos voladores

$$\underline{} = \underline{} \qquad \underline{} = \underline{}$$

Lección 23: Resolución de problemas usando tasas, tasas unitarias y conversiones.

Lección 23

Resumen de la lección

- Los problemas de tasa, incluyendo los problemas de tasa constante, siempre cuentan o miden algo que ocurre por unidad de tiempo. El tiempo siempre está en el denominador.
- Algunas veces, las unidades de tiempo en los denominadores de las tasas que se están comparando no son iguales. Una debe convertirse a la otra antes de calcular la tasa unitaria de cada una.

Problemas

1. ¿Quién camina a una tasa más alta: alguien que camine 60 pies en 10 segundos o alguien que camine 42 pies en 6 segundos?

2. ¿Quién camina a una tasa más rápida: alguien que camina 60 pies en 10 segundos o alguien que tarda 5 segundos en caminar 25 pies? ¡Repasen el resumen de la lección antes de responder!

3. ¿Cuál paracaídas tiene un descenso más lento: un paracaídas rojo que cae 10 pies en 4 segundos o un paracaídas azul que cae 12 pies en 6 segundos?

4. Durante el invierno de 2012–2013, cayeron 22 pulgadas de nieve en 12 horas en Buffalo, Nueva York. En Oswego, Nueva York cayeron 31 pulgadas de nieve en un periodo de 15 horas. ¿Cuál ciudad tuvo una tasa de nevada más fuerte? Redondea tus respuestas hasta la centésima más cercana.

5. Un marlín rayado puede nadar a una tasa de 70 millas por hora. ¿Es esta una tasa más rápida o más lenta que un pez vela, que tarda 30 minutos para nadar 40 millas?

6. Un estudiante de matemáticas, John, puede resolver 6 problemas de matemáticas en 20 minutos, mientras que otro estudiante, Juaquine, puede resolver los mismos 6 problemas de matemáticas a un ritmo de 1 problema cada 4 minutos. ¿Quién trabaja más rápido?

Esta página se dejó en blanco intencionalmente

Lección 24: Porcentaje y tasas por 100

Trabajo en clase

Ejercicio 1

Robb's Fruit Farm consiste de 100 acres en donde crecen tres tipos diferentes de manzanas. En 25 acres, la granja cultiva manzanas Empire. Las manzanas McIntosh crecen en 30% de la granja. El resto de la granja cultiva manzanas Fuji. Sombrea la siguiente cuadrícula para representar la parte de la granja que ocupa cada tipo de manzana. Usa un color diferente para cada tipo de manzana. Crea una leyenda para identificar el color que representa cada tipo de manzana.

Leyenda   **Relación de parte a entero**

Empire _____   _____

McIntosh _____   _____

Fuji _____   _____

Ejercicio 2

La parte sombreada de la siguiente matriz representa la porción de una barra de granola restante.

¿Qué porcentaje representa cada bloque de la barra de granola?

¿Qué porcentaje de la barra queda de granola?

¿De qué otras maneras podemos representar este porcentaje?

Ejercicio 3

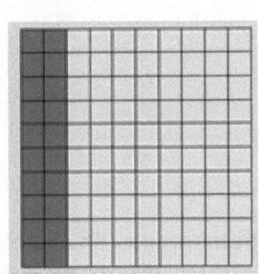

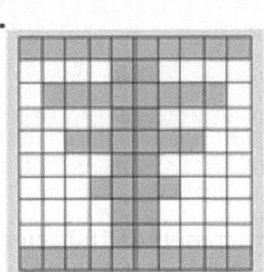

a. Para cada figura que aparece arriba, representa la región sombreada gris como un porcentaje de la figura entera. Escribe tu respuesta como un decimal, fracción y porcentaje.

Imagen (a)	Imagen (b)	Imagen (c)

b. ¿Qué relación se está representando en cada imagen?

c. ¿Cómo se relacionan las razones y los porcentajes?

Ejercicio 4

Cada relación a continuación compara la porción sombreada (o parte) a toda la figura (el entero). Completa la tabla.

Porcentaje	Decimal	Fracción	Razón	Modelo
6%			6 : 100	
60%				
600%				
32%				

UNA HISTORIA DE PROPORCIONES — Lección 24 — 6•1

	0.55		
		$\dfrac{9}{10}$	
			▇▇▇▇▇▇▇□□□

Ejercicio 5

El Sr. Brown le informa a la clase que 70% de los estudiantes obtuvieron una A en el examen de vocabulario de inglés. Si el Sr. Brown tiene 100 estudiantes, crea un modelo para mostrar cuántos de los estudiantes recibieron una A en el examen.

¿Qué fracción de los estudiantes recibieron una A en el examen?

¿Cómo podríamos representar esta cantidad usando un decimal?

¿Cómo se relacionan el decimal, la fracción, y el porcentaje?

Ejercicio 6

Marty tiene un negocio de corte de césped. Su compañía consiste de 3 empleados y tienen que cortar 100 céspedes esta semana. Usa la matriz de 10×10 para representar cómo se podría distribuir el trabajo entre los tres empleados.

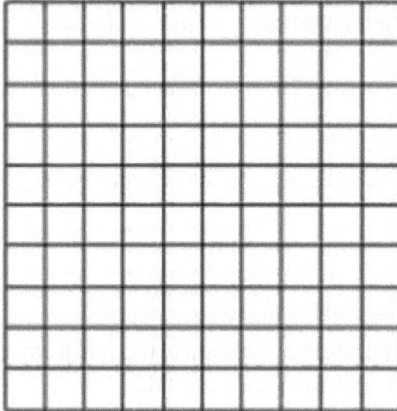

Trabajador	Porcentaje	Fracción	Decimal
Empleado 1			
Empleado 2			
Empleado 3			

Colorea sobre el nombre con el mismo color que usaste en el diagrama.

UNA HISTORIA DE PROPORCIONES

Lección 24 6•1

Resumen de la lección

Un *porcentaje* es el número $\frac{1}{100}$ y se escribe como 1%.

Los porcentajes se pueden usar como tasas. Por ejemplo, 30% de una cantidad significa $\frac{30}{100}$ por la cantidad.

Podemos crear modelos de porcentajes. Un ejemplo sería sombrear una matriz de 10×10. Cada cuadrado en una matriz de 10×10 representa 1% o 0.01.

Problemas

1. Marissa compró 100 acres de tierra. Quiere cultivar manzanos, duraznos y cerezos. Colorea el modelo para mostrar cómo se pueden distribuir los acres para cada tipo de árbol. Completa la tabla usando tu modelo.

Árbol	Porcentaje	Fracción	Decimal
Manzano			
Durazno			
Cerezo			

Lección 24: Porcentaje y tasas por 100

2. Después de las renovaciones en el dormitorio de Kim, solo el 30 por ciento de una de las paredes se dejó sin ningún tipo de decoración. Sombrea la siguiente matriz para representar el espacio que queda por decorar.

   a. ¿Qué representa cada bloque?

   b. ¿Qué porcentaje de esta pared se ha decorado?

Esta página se dejó en blanco intencionalmente

Lección 25: Una fracción como un porcentaje

Trabajo en clase

Ejemplo 1

Sam dice que 50% de los vehículos son automóviles. Provee tres razones diferentes o modelos que demuestren o refuten el enunciado de Sam. Los modelos pueden incluir diagramas de cinta, matrices de 10×10, rectas numéricas dobles, etc.

¿Cómo se relaciona la fracción de automóviles con el porcentaje?

Usa un modelo para comprobar que la fracción y el porcentaje son equivalentes.

¿Qué otras fracciones o decimales también representan 60%?

Lección 25

UNA HISTORIA DE PROPORCIONES

Ejemplo 2

Se hizo una encuesta que les preguntaba a los participantes si eran felices o no en su trabajo. Se dio una calificación global. 300 de los participantes no eran felices mientras que 700 de los participantes eran felices en su trabajo. Da una fracción parte-todo para comparar a los participantes felices con respecto al todo. Luego, escribe una fracción parte-todo de los participantes infelices con respecto al todo. ¿Qué porcentaje era feliz en su trabajo y qué porcentaje era infeliz en su trabajo?

Feliz _____ _____   Infeliz _____ _____
      Fracción   Porcentaje   Fracción   Porcentaje

Elabora un modelo para justificar tu respuesta.

Ejercicio 1

Renita afirma que una puntuación de 80% significa que ella respondió $\frac{4}{5}$ de los problemas correctamente. Ella dibujó la siguiente imagen para apoyar su enunciado

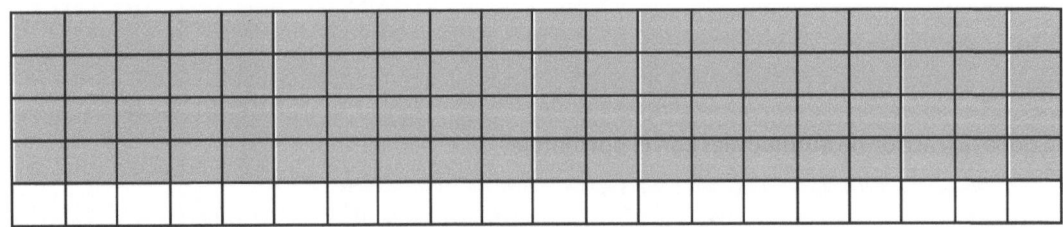

¿Tiene razón Renita? _____ ¿Por qué sí o por qué no?

¿Cómo podrían cambiar la imagen de Renita para que sea más fácil que Renita vea por qué tiene o no tiene razón?

Lección 25: Una fracción como un porcentaje

Ejercicio 2

Usa el diagrama para contestar las siguientes preguntas:

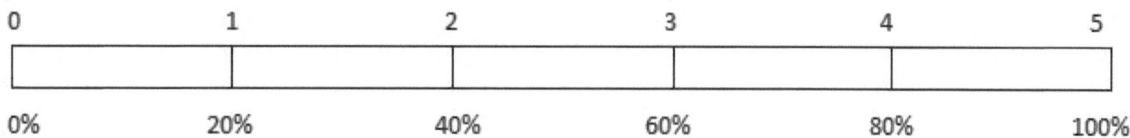

¿80% es qué fracción de la cantidad total?

¿$\frac{1}{5}$ es qué porcentaje de la cantidad total?

¿50% es qué fracción de la cantidad total?

¿1 es qué porcentaje de la cantidad total?

Ejercicio 3

María completó $\frac{3}{4}$ de su día de trabajo. Elabora un modelo que represente el porcentaje del día de trabajo que María ha trabajado.

¿Qué porcentaje del día de trabajo le queda?

¿Cómo demuestra tu modelo que tu respuesta es correcta?

Ejercicio 4

Matthew completó $\frac{5}{8}$ de su día de trabajo. ¿Qué decimal describiría también la porción del día de trabajo que ha finalizado?

¿Cómo pueden usar el decimal para obtener el porcentaje del día de trabajo que Matthew ha completado?

Ejercicio 5

Completen las conversiones de fracción a decimal a porcentaje.

Fracción	Decimal	Porcentaje
$\frac{1}{8}$		
	0.35	
		84.5%
	0.325	
$\frac{2}{25}$		

Ejercicio 6

Escoge una de las filas de la tabla de conversión en el Ejercicio 5 y usa modelos para demostrar tus respuestas. (Los modelos pueden incluir una matriz de 10×10, un diagrama de cinta, una recta numérica doble, etc.).

Lección 25

Resumen de la lección

Las fracciones, decimales y porcentajes están todos relacionados.

Para cambiar una fracción a un porcentaje, puedes aumentar o disminuir la escala de modo que 100 esté en el denominador.

Ejemplo:

$$\frac{9}{20} = \frac{9 \times 5}{20 \times 5} = \frac{45}{100} = 45\%$$

Puede haber momentos en que es más beneficioso convertir una fracción a un porcentaje escribiendo primero la fracción en forma decimal.

Ejemplo:

$$\frac{5}{8} = 0.625 = 62.5 \text{ centésimos} = 62.5\%$$

Los modelos, como los diagramas de cinta y las rectas numéricas, también se pueden usar para representar las relaciones.

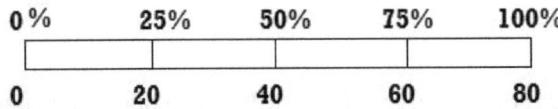

El diagrama muestra que $\frac{20}{80} = 25\%$.

Problemas

1. Usa la matriz de 10×10 para expresar la fracción $\frac{11}{20}$ como un porcentaje.

2. Usa un diagrama de cinta para relacionar la fracción $\frac{11}{20}$ con un porcentaje.

3. ¿Cómo se relacionan los diagramas?

4. ¿Qué decimal también está relacionado con la fracción?

5. ¿Cuál diagrama es el más útil para convertir la fracción a un decimal? _____ Explica por qué.

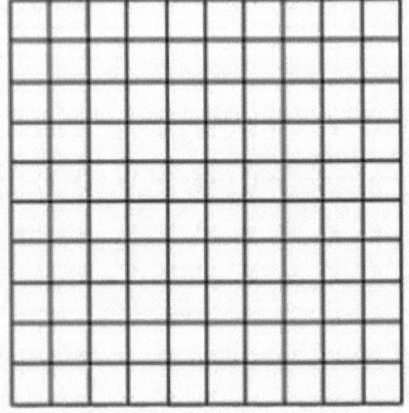

Lección 26: Porcentaje de una cantidad

Trabajo en clase

Ejemplo 1

Cinco de las 25 niñas en el equipo de fútbol de la Escuela Intermedia Alden son estudiantes de séptimo grado. Encuentra el porcentaje de estudiantes de séptimo grado en el equipo. Demuestra dos maneras diferentes de resolver para encontrar la respuesta. Uno de los métodos debe incluir un diagrama o modelo de imagen.

Ejemplo 2

De las 25 niñas en el equipo de fútbol de la Escuela Intermedia Alden, el 40% también juega en un equipo viajero. ¿Cuántas niñas del equipo de la escuela intermedia también juegan en un equipo viajero?

Ejemplo 3

El equipo de fútbol de niñas de la Escuela Intermedia Alden ganó 80% de sus partidos esta temporada. Si el equipo ganó 12 partidos, ¿cuántos partidos jugó? Resuelve el problema usando al menos dos métodos diferentes.

Ejercicios

1. Hay 60 exposiciones de animales en el zoológico local. ¿Qué porcentaje de las exposiciones del zoológico representa cada clase de animales?

Exposiciones por clase de animales	Número de exposiciones	Porcentaje del número total de exposiciones
Mamíferos	30	
Reptiles & Anfibios	15	
Peces & Insectos	12	
Aves	3	

2. Un suéter normalmente cuesta $32. Tiene un descuento de 25% del precio original esta semana.

    a. ¿La cantidad que el comprador ahorró se considera la parte, el entero o el porcentaje?

    b. ¿Cuánto ahorraría un comprador al comprar el suéter esta semana? Demuestra dos métodos para encontrar tu respuesta.

3. Un par de jeans tenía un descuento de 30% del precio original. La oferta resultó en un descuento de $24.

   a. ¿Se considera que el precio original de los jeans es la parte, el entero o el porcentaje?

   b. ¿Cuál era el costo original de los jeans antes de la oferta? Demuestra dos métodos para encontrar tu respuesta.

4. Comprar un TV con un descuento de 20% ahorraría $180.

   a. Identifica las diferentes partes con las palabras: PARTE, ENTERO, PORCENTAJE.

   | _____ | _____ | _____ |
   | 20% de descuento | $180 | Precio original |

   b. ¿Cuál era el precio original del TV? Demuestra dos métodos para encontrar tu respuesta.

UNA HISTORIA DE PROPORCIONES **Lección 26** 6•1

> **Resumen de la lección**
>
> Los modelos y diagramas pueden usarse para resolver problemas de porcentajes. Los diagramas de cinta, matrices de 10×10, diagramas de doble recta numérica y otros, pueden usarse de una manera similar a cuando se usan con razones para encontrar el porcentaje, la parte o el entero.

Problemas

1. ¿Cuánto es 15% de 60? Elabora un modelo para comprobar tu respuesta.

2. Si 40% de un número es 56, ¿cuál era el número original?

3. En una matriz de 10×10 que representa 800, un cuadrado representa _____.
   Usa las matrices a continuación para representar 17% y 83% de 800.

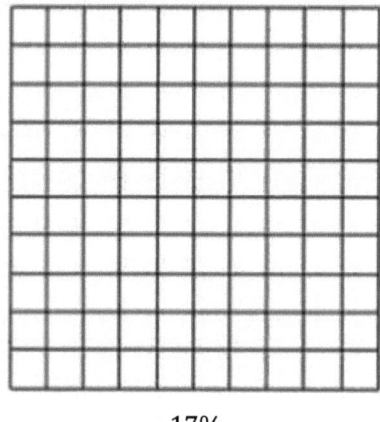
17%

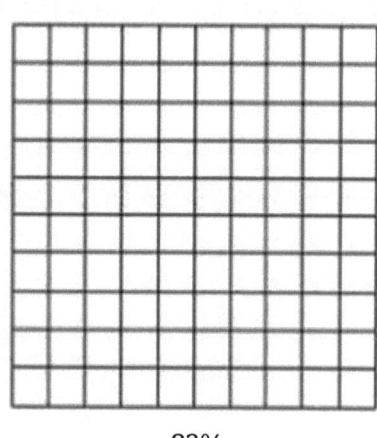
83%

17% de 800 es _____.   83% de 800 es _____.

Lección 26: Porcentaje de una cantidad

Esta página se dejó en blanco intencionalmente

Lección 27: Resolviendo problemas de porcentaje

Trabajo en clase

Ejemplo 1

Resuelve los siguientes tres problemas.

Escribe las palabras PORCIENTO, ENTERO o PARTE debajo de cada problema para mostrar el segmento que está resolviendo.

60% de 300 = _____   60% de _____ = 300   60 de 300 = _____%

_____   _____   _____

¿Cómo cambió tu método de resolución con cada problema?

UNA HISTORIA DE PROPORCIONES

Lección 27 6•1

Ejercicio

Usa representaciones como la matriz 10×10, tablas, diagramas de cinta o diagramas de doble recta numérica, para resolver la siguiente situación.

Priya está haciendo las compras para el regreso a clases. Calcula los valores faltantes de la siguiente tabla, redondea al centavo más cercano y calcula cuánto va a gastar Priya en total en su ropa, después de que le hagan los descuentos indicados.

	Blusa (25% descuento)	Pantalones (30% descuento)	Zapatos (15% descuento)	Collar (10% descuento)	Suéter (20% descuento)
Precio original	$44			$20	
Cantidad descontada		$15	$9		$7

¿Cuál es el costo total de la ropa de Priya?

Resumen de la lección

Los problemas con porcentaje incluyen: la parte, el entero y el porcentaje. Cuando falta uno de estos valores, podemos usar tablas, diagramas y modelos para resolver el número faltante.

Problemas

1. El Sr. Yoshi tiene 75 ensayos. Calificó 60 ensayos y un asistente de maestro calificó el resto. ¿Qué porcentaje de ensayos calificó cada persona?

2. La Sra. Bennett calificó 20% de los 150 ensayos de sus estudiantes. ¿Cuántos ensayos tiene que calificar todavía?

Esta página se dejó en blanco intencionalmente

Lección 28: Resolviendo problemas de porcentaje

Trabajo en clase

Ejemplo

Si un artículo se descuenta al 20%, ¿el precio de venta es qué porcentaje del precio original?

Si el precio original del artículo es $400, ¿cuál es la cantidad en dólares del descuento?

¿Cuánto es el precio de oferta?

Ejercicio

Los siguientes artículos se compraron en oferta. Completa la información faltante en la tabla.

Elemento	Precio original	Precio de oferta	Cantidad del descuento	Porcentaje ahorrado	Porcentaje pagado
Televisión		$800		20%	
Tenis	$80			25%	
Videojuegos		$54			90%
Reproductor de MP3		$51.60		40%	
Libro			$2.80		80%
Barra de frutas		$1.70	$0.30		

UNA HISTORIA DE PROPORCIONES Lección 28

> **Resumen de la lección**
>
> Los problemas con porcentaje incluyen la parte, el entero y el porcentaje. Cuando falta uno de estos valores, podemos usar tablas, diagramas y modelos para resolver el número faltante.

Problemas

1. La empresa Sparkling House Cleaning Company ha limpiado 28 casas esta semana. Si este número representa el 40% del número total de casas que la empresa debe limpiar, ¿cuántas casas en total tendrá que limpiar la empresa al final de la semana?

2. Joshua entregó 30 colmenas a la granja de frutas local. Si el granjero ha pagado para usar 5% del número total de colmenas de Joshua, ¿cuántas colmenas tiene Joshua en total?

Esta página se dejó en blanco intencionalmente

Lección 29: Resolviendo problemas de porcentaje

Trabajo en clase

Desafío exploratorio 1

Enunciado: Para encontrar 10% de un número, sólo hay que mover el decimal hacia la izquierda una vez.

Usa por lo menos un modelo para resolver cada problema (diagrama de cinta, tabla, diagrama de doble recta numérica, matriz de 10×10).

a. Haz un pronóstico: ¿Crees que el enunciado es cierto o falso? _____ Explica por qué.

b. Determina el 10% de 300. _____   c. Encuentra el 10% de 80. _____

d. Determina el 10% de 64. _____   e. Encuentra el 10% de 5. _____

f. 10% de _____ es 48.   g. 10% de _____ es 6.

h. Gary leyó 34 páginas de un libro de 340 páginas. ¿Qué porcentaje del libro leyó?

i. Micah leyó 16 página de su libro. Si esto es 10% del libro, ¿cuántas páginas hay en el libro?

j. Según las soluciones a los problemas anteriores, ¿cuáles son tus conclusiones sobre el enunciado?

Desafío exploratorio 2

Enunciado: Si un artículo ya está en oferta y hay un nuevo descuento sobre el precio de venta, es lo mismo que sumar los dos descuentos y descontarlo del precio original.

Usa por lo menos un modelo para resolver cada problema (diagrama de cinta, tabla, diagrama de doble recta numérica, matriz de 10×10).

a. Haz un pronóstico: ¿Crees que el enunciado es cierto o falso? _____ Explica.

b. Sam compró 3 juegos por $140, después de un descuento de 30%. ¿Cuál era el precio original del articulo?

c. Si Sam hubiera usado un cupón de 20% de descuento y adquirido su membresía de descuentos a clientes frecuentes para ahorrar 10%, ¿el costo total de los juegos seguiría siendo $140?

d. ¿Estás de acuerdo con el enunciado? _____ Explica por qué sí o por qué no. Crea un nuevo ejemplo que respalde tu afirmación.

Lección 29

UNA HISTORIA DE PROPORCIONES

Resumen de la lección

Problemas de porcentaje tienen tres partes: entero, parte, porcentaje.

Los problemas de porcentaje pueden resolverse con modelos como: tablas de razones, diagramas de cinta, diagrama de doble recta numérica y matrices de 10×10.

Problemas

1. Henry ha podado 15 céspedes de un total de 60 céspedes. ¿Qué porcentaje de céspedes tiene aún que podar?

2. Marissa sacó 85% en su examen de matemáticas. Respondió 34 preguntas correctamente. ¿Cuántas preguntas tenía el examen?

3. Lucas ha leído 30% de un libro de 480 páginas. ¿Qué página va a leer ahora?

Lección 29: Resolver problemas de porcentaje

Versión del estudiante

Eureka Math
6.° grado
Módulo 2

Un agradecimiento especial al Gordon A. Cain Center y al Departamento de Matemáticas de la Universidad Estatal de Luisiana por su apoyo en el desarrollo de *Eureka Math*.

> Para obtener un paquete gratis de recursos de Eureka Math para maestros, Consejos para padres y más, por favor visite www.Eureka.tools

Publicado por la organización sin fines de lucro Great Minds®.

Copyright © 2017 Great Minds®. Está prohibida la reproducción, venta o comercialización, total o parcial de esta obra, sin el permiso por escrito de Great Minds. El uso no comercial está autorizado de conformidad con una licencia Creative Commons Atribución-NoComercial-CompartirIgual 4.0. Para más información, consulte http://greatminds.org/maps/math/copyright. "Great Minds" y "Eureka Math" son marcas registradas de Great Minds.

Impreso en EE. UU.

Este libro puede comprarse directamente en la editorial en eureka-math.org

10 9 8 7 6 5 4 3 2 1

ISBN 978-1-68386-222-2

Lección 1: Interpretar la división de una fracción por un número entero—representaciones visuales

Trabajo en clase
Ejercicio inicial

A

Escribe un enunciado de división para resolver el problema.

1. Se vierten 8 galones de masa en 4 contendores. ¿Cuántos galones de masa hay en cada contenedor?
2. Se vierte equitativamente 1 galón de masa en 4 contendores. ¿Cuántos galones de masa hay en cada contenedor?

Resuélvelo con un enunciado de división y haz un dibujo.

3. Se vierten equitativamente 3 galones de masa en 4 contendores. ¿Cuántos galones de masa hay en cada contenedor

B

Escribe un enunciado de multiplicación para resolver cada problema.

1. Se derramó un cuarto de un contenedor de 8 galones. ¿Cuántos galones se derramaron?
2. Se derramó un cuarto de un contenedor de 1 galón. ¿Cuántos galones se derramaron?

Resuélvelo con un enunciado de multiplicación y haz un dibujo.

3. Se derramó un cuarto de un contenedor de 3 galones. ¿Cuántos galones se derramaron?

Lección 1

Ejemplo 1

Se vierten equitativamente $\frac{3}{4}$ galones de masa en 2 contenedores. ¿Cuántos galones de masa hay en cada contenedor?

Ejemplo 2

$\frac{3}{4}$ de un sartén de lasaña se comparte equitativamente entre 6 amigos. ¿Qué fracción del sartén le toca a cada amigo?

Ejemplo 3

Se corta una cuerda de $\frac{2}{5}$ m de longitud en 4 cuerdas iguales. ¿Cuál es la longitud de cada cuerda?

Ejercicios 1–6

Llenen los espacios en blanco para completar la ecuación. Después, encuentren un cociente y hagan una representación que respalde su solución.

1. $\dfrac{1}{2} \div 3 = \dfrac{1}{2} \times \dfrac{1}{2}$

2. $\dfrac{1}{3} \div 4 = \dfrac{1}{4} \times \dfrac{1}{3}$

Encuentren el valor de cada uno de los siguientes.

3. $\dfrac{1}{4} \div 5$

4. $\dfrac{3}{5} \div 5$

5. $\dfrac{1}{5} \div 4$

Resuelvan. Hagan una representación que respalde su solución.

6. Se vierte equitativamente $\frac{3}{5}$ de pinta de jugo en 6 vasos. ¿Cuánto jugo hay en cada vaso?

Grupo de problemas

Encuentra el valor de cada uno de los siguientes en su forma más simple.

1.
   a. $\dfrac{1}{3} \div 4$
   b. $\dfrac{2}{5} \div 4$
   c. $\dfrac{4}{7} \div 4$

2.
   a. $\dfrac{2}{5} \div 3$
   b. $\dfrac{5}{6} \div 5$
   c. $\dfrac{5}{8} \div 10$

3.
   a. $\dfrac{6}{7} \div 3$
   b. $\dfrac{10}{8} \div 5$
   c. $\dfrac{20}{6} \div 2$

4. 4 cargas de piedra pesan $\dfrac{2}{3}$ de tonelada. Encuentren el peso de 1 de carga de piedra.

5. ¿Cuál es el ancho de un rectángulo con un área de $\dfrac{5}{8}$ in² y una longitud de 10 in?

6. Lenox planchó $\dfrac{1}{4}$ de blusas el fin de semana. Ella planea dividir equitativamente el trabajo restante entre las 5 noches siguientes.
   a. ¿Qué fracción de blusas planchará Lenox cada día después de la escuela?
   b. Si Lenox tiene 40 blusas, ¿cuántas blusas necesitará planchar el jueves y el viernes?

7. Bo pagó sus facturas con $\dfrac{1}{2}$ de su sueldo y puso $\dfrac{1}{5}$ del resto en sus ahorros. El resto de su sueldo lo dividió equitativamente entre las cuentas de ahorro para la universidad de sus 3 hijos.
   a. ¿Qué fracción de su sueldo va a la cuenta de cada uno de sus hijos?
   b. Si Bo depositó $400 en cada una de las cuentas de sus hijos, ¿cuál es el sueldo total de Bo?

Esta página se dejó en blanco intencionalmente

Lección 2: Interpretar la división de un número entero por una fracción—representaciones visuales

Trabajo en clase

Ejemplo 1

Pregunta #_____

Escríbela como una expresión de división. _____

Escríbela como una expresión de multiplicación. _____

Haz un bosquejo que represente el problema:

UNA HISTORIA DE PROPORCIONES **Lección 2 6•2**

A medida que vayas a cada representación, asegúrate de contestar las siguientes preguntas:

Pregunta original	Expresión de división correspondiente	Expresión de multiplicación correspondiente	Escribe una ecuación que muestre la equivalencia de las dos expresiones.
1. ¿Cuántas $\frac{1}{2}$ millas hay en 12 millas?			
2. ¿Cuántos cuartos de hora hay en 5 horas?			
3. ¿Cuántos $\frac{1}{3}$ de taza hay en 9 tazas?			
4. ¿Cuántos $\frac{1}{8}$ de pizza hay en 4 pizzas?			
5. ¿Cuántos quintos hay en 7 enteros?			

Lección 2: Interpretar la división de un número entero por una fracción—representaciones visuales

UNA HISTORIA DE PROPORCIONES

Lección 2 6•2

Ejemplo 2

Molly tiene 9 tazas de harina. Si esto es $\frac{3}{4}$ de la cantidad que necesita para hacer pan, ¿cuántas tazas necesita?

  a. Elabora un diagrama de cinta leyéndolo hacia atrás. Dibuja un diagrama de cinta e identifica la incógnita.

  b. Luego, sombrea $\frac{3}{4}$.

  c. Identifica la región sombreada para mostrar que 9 es igual a $\frac{3}{4}$ del total.

  d. Analiza la representación para determinar el cociente.

Lección 2: Interpretar la división de un número entero por una fracción—representaciones visuales

Ejercicios 1–5

1. Una empresa de construcción está poniendo señales en 2 millas de una carretera. Si la empresa coloca una señal cada $\frac{1}{4}$ de milla, ¿Cuántas señales va a usar?

2. George compró 4 sándwiches para una fiesta de cumpleaños. Si cada persona se come $\frac{2}{3}$ de un sándwich, ¿a cuántas personas puede alimentar George?

3. Miranda compró 6 libras de nueces. Si pone $\frac{3}{4}$ de libra en cada bolsa, ¿cuántas bolsas puede hacer?

4. Margo congela 8 tazas de fresas. Si esto es $\frac{2}{3}$ del total de fresas que recogió, ¿cuántas tazas de fresas recogió Margo?

5. Regina está cortando madera. Ha cortado 10 troncos hasta ahora. Si los 10 troncos representan $\frac{5}{8}$ de todos los troncos que hay que cortar, ¿cuántos troncos hay que cortar en total?

Lección 2

Grupo de problemas

Vuelve a escribir cada problema como una pregunta de multiplicación. Da una representación de tu respuesta.

1. Nicole usó $\frac{3}{8}$ de su cinta decorativa para envolver un regalo. Si usó 6 pies de cinta decorativa para el regalo, ¿cuánta cinta decorativa tenía Nicole al principio?

2. Un boy scout tiene 3 metros de cuerda. Corta la cuerda en pedazos de $\frac{3}{5}$ m de longitud. ¿Cuántos pedazos va a hacer?

3. 12 galones de agua llenan un tanque a $\frac{3}{4}$ de su capacidad.
   a. ¿Cuál es la capacidad del tanque?
   b. Si después el tanque se llena a toda su capacidad, ¿cuántas botellas de medio galón se pueden llenar con el agua del tanque?

4. Hunter gastó $\frac{2}{3}$ de su dinero en un videojuego, después gastó la mitad de lo que le quedó en el almuerzo. Si el almuerzo cuesta $10, ¿cuánto dinero tenía al principio?

5. Los estudiantes se encuestaron sobre sus colores favoritos. $\frac{1}{4}$ de los estudiantes prefiere el rojo, $\frac{1}{8}$ prefiere el azul y $\frac{3}{5}$ de los demás estudiantes prefiere el verde. Si 15 estudiantes prefieren el verde, ¿cuántos estudiantes se encuestaron?

6. El Sr. Scruggs recibió algo de dinero por su cumpleaños. Gastó $\frac{1}{5}$ del dinero en golosinas para perros. Luego, dividió equitativamente lo que le quedaba entre sus 3 caridades favoritas.
   a. ¿Qué fracción de su dinero recibió cada caridad?
   b. Si donó $60 a cada caridad, ¿cuánto dinero recibió en su cumpleaños?

Lección 2: Interpretar la división de un número entero por una fracción— representaciones visuales

Lección 3: Interpretar y calcular la división de una fracción por una fracción—más representaciones

Trabajo en clase

Ejercicio inicial

Haz un dibujo para representar $12 \div 3$.

Desarrolla una pregunta o un problema narrado que se relacione a tu representación.

Ejemplo 1

$\dfrac{8}{9} \div \dfrac{2}{9}$

Escribe la expresión en forma de unidad y resuélvela haciendo una representación.

UNA HISTORIA DE PROPORCIONES

Ejemplo 2

$$\frac{9}{12} \div \frac{3}{12}$$

Escribe la expresión en forma de unidad y resuélvela haciendo una representación.

Ejemplo 3

$$\frac{7}{9} \div \frac{3}{9}$$

Escribe la expresión en forma de unidad y resuélvela haciendo una representación.

Ejercicios 1–6

Escribe una expresión para representar cada problema. Después, resuélvela con una representación.

1. ¿Cuántos cuartos hay en 3 cuartos?

2. $\frac{4}{5} \div \frac{2}{5}$

3. $\dfrac{9}{4} \div \dfrac{3}{4}$

4. $\dfrac{7}{8} \div \dfrac{2}{8}$

5. $\dfrac{13}{10} \div \dfrac{2}{10}$

6. $\dfrac{11}{9} \div \dfrac{3}{9}$

UNA HISTORIA DE PROPORCIONES   **Lección 3** 6•2

Resumen de la lección

Al dividir una fracción entre una fracción con el mismo denominador, podemos usar la regla general $\dfrac{a}{c} \div \dfrac{b}{c} = \dfrac{a}{b}$.

Grupo de problemas

Para los siguientes ejercicios, vuelve a escribir el enunciado de división en forma de unidad. Después, encuentra el cociente. Dibuja una representación para respaldar tu respuesta.

1. $\dfrac{4}{5} \div \dfrac{1}{5}$
2. $\dfrac{8}{9} \div \dfrac{4}{9}$
3. $\dfrac{15}{4} \div \dfrac{3}{4}$

4. $\dfrac{13}{5} \div \dfrac{4}{5}$

Vuelve a escribir la expresión en forma de unidad y encuentra el cociente.

5. $\dfrac{10}{3} \div \dfrac{2}{3}$
6. $\dfrac{8}{5} \div \dfrac{3}{5}$
7. $\dfrac{12}{7} \div \dfrac{12}{7}$

Representa la expresión de división usando la forma de unidad. Encuentra el cociente. Muestra todo el trabajo necesario.

8. Una corredora está a $\dfrac{7}{8}$ millas de la meta. Si puede desplazarse a $\dfrac{3}{8}$ millas por minuto, ¿cuánto le tomará a ella terminar la carrera?

9. Un electricista tiene 4.1 metros de cable.
    a. ¿Cuántas tiras de $\dfrac{7}{10}$ m de largo puede cortar?
    b. ¿Cuánto cable le quedará?

10. Saeed compró $21\dfrac{1}{2}$ lb. de carne molida. Con $\dfrac{1}{4}$ de la carne hizo tacos y con $\dfrac{2}{3}$ del resto hizo hamburguesas de un cuarto de libra. ¿Cuántas hamburguesas hizo?

11. Un panadero compró harina. Usó $\dfrac{2}{5}$ de la harina para hacer pan y usó el resto para hacer lotes de panecillos. Si usó 16 libras de la harina para hacer pan y $\dfrac{2}{3}$ lb. para cada lote de panecillos, ¿cuántos lotes de panecillos hizo?

Esta página se dejó en blanco intencionalmente

Lección 4: Interpretar y calcular la división de una fracción por una fracción—más representaciones

Trabajo en clase

Ejercicio inicial

Escribe al menos tres fracciones equivalentes para cada fracción a continuación.

a. $\dfrac{2}{3}$

b. $\dfrac{10}{12}$

Ejemplo 1

Molly tiene $1\dfrac{3}{8}$ tazas de fresas. Esto también se puede representar como $\dfrac{11}{8}$. Ella necesita $\dfrac{3}{8}$ taza de fresas para hacer un lote de panecillos. ¿Cuántos lotes puede hacer Molly?

Dibuja una representación para respaldar tu respuesta.

Ejemplo 2

Javier, el amigo de Molly también tiene $\frac{11}{8}$ tazas de fresas. Él necesita $\frac{3}{4}$ taza de fresas para hacer un lote de tartas. ¿Cuántos lotes puede hacer? Dibuja una representación para respaldar tu solución.

Ejemplo 3

Encuentra el cociente: $\frac{6}{8} \div \frac{2}{8}$. Usa una representación para mostrar tu respuesta.

UNA HISTORIA DE PROPORCIONES   **Lección 4 6•2**

Ejemplo 4

Encuentra el cociente: $\dfrac{3}{4} \div \dfrac{2}{3}$. Usa una representación para mostrar tu respuesta.

Ejercicios 1–5

Encuentra cada cociente.

1. $\dfrac{6}{2} \div \dfrac{3}{4}$

2. $\dfrac{2}{3} \div \dfrac{2}{5}$

3. $\dfrac{7}{8} \div \dfrac{1}{2}$

4. $\dfrac{3}{5} \div \dfrac{1}{4}$

5. $\dfrac{5}{4} \div \dfrac{1}{3}$

Grupo de problemas

Calcula el cociente. De ser necesario, dibuja una representación.

1. $\dfrac{8}{9} \div \dfrac{4}{9}$

2. $\dfrac{9}{10} \div \dfrac{4}{10}$

3. $\dfrac{3}{5} \div \dfrac{1}{3}$

4. $\dfrac{3}{4} \div \dfrac{1}{5}$

Lección 5: Crear historias de división

Trabajo en clase

Ejercicio inicial

Diagrama de cinta:

$$\frac{8}{9} \div \frac{2}{9}$$

Recta numérica:

Javier, el amigo de Molly, también tiene $\frac{11}{8}$ de taza de fresas. Necesita $\frac{3}{4}$ de taza de fresas para hacer un lote de tartas. ¿Cuántos lotes puede hacer? Dibuja una representación para justificar tu solución.

Lección 5

Ejemplo 1

$$\frac{1}{2} \div \frac{1}{8}$$

Paso 1: Decídete por una interpretación.

Paso 2: Dibuja una representación.

Paso 3: Calcula la respuesta.

Paso 4: Escoge una unidad.

Paso 5: Describe una situación con base en la representación.

Lección 5

Ejercicio 1

Usando el mismo dividendo y divisor, trabajen con un compañero(a) para crear su propio problema razonado. Pueden usar la misma unidad, pero su situación debe ser única. Si lo prefieren, pueden usar otra unidad, como onzas, yardas o millas.

Ejemplo 2

$$\frac{3}{4} \div \frac{1}{2}$$

Paso 1: Decídete por una interpretación.

Paso 2: Dibuja un diagrama.

Lección 5: Crear historias de división

Paso 3: Calcula la respuesta.

Paso 4: Escoge una unidad.

Paso 5: Describe una situación con base en la representación.

Ejercicio 2

Usando el mismo dividendo y divisor, trabajen con un compañero(a) para crear su propio problema razonado. Pueden usar la misma unidad, pero su situación debe ser única. Si lo prefieren, pueden tratar con otra unidad, como tazas, yardas o millas.

Lección 5

Resumen de la lección

El método de creación de historias de división incluye cinco pasos:

Paso 1: Decidirse por una interpretación (de medidas o partitiva). Hoy usamos la división de medidas.

Paso 2: Dibujar una representación.

Paso 3: Calcular la respuesta.

Paso 4: Escoger una unidad.

Paso 5: Describir una situación con base en la representación. Esto significa escribir un problema razonado que sea interesante, auténtico, corto y claro. Puede tomar varios intentos antes de encontrar una historia que funcione bien con el dividendo y el divisor dado.

Grupo de problemas

Resuelve.

1. ¿Cuántos dieciseisavos hay en $\frac{15}{16}$?

2. ¿Cuántos $\frac{1}{4}$ de dosis de una cucharadita hay en $\frac{7}{8}$ cucharaditas de medicina?

3. ¿Cuántas porciones de $\frac{2}{3}$ de taza hay en un contenedor de comida de 4 tazas?

4. Escribe un problema razonado de división de medidas para $6 \div \frac{3}{4}$.

5. Escribe un problema razonado de división de medidas para $\frac{5}{12} \div \frac{1}{6}$.

6. Llena los espacios en blanco para completar la ecuación. Luego, calcula el cociente y dibuja una representación para justificar tu solución.

   a. $\frac{1}{2} \div 5 = \frac{1}{5} \text{ de } \frac{1}{2}$

   b. $\frac{3}{4} \div 6 = \frac{1}{6} \text{ of } \frac{3}{4}$

7. $\frac{4}{5}$ del dinero reunido en un evento de recaudación de fondos se dividió equitativamente entre 8 grados. ¿Qué fracción de dinero recibió cada grado?

8. Meyer utilizó 6 cargas de grava para cubrir $\frac{2}{5}$ de la entrada de su casa. ¿Cuántas cargas de grava va a necesitar para cubrir toda la entrada?

9. Un atleta piensa correr 3 millas. Cada vuelta alrededor del patio de la escuela es de $\frac{3}{7}$ milla. ¿Cuántas vueltas va a correr el atleta?

10. Parks gastó $\frac{1}{3}$ de su dinero en un suéter. Gastó $\frac{3}{5}$ el resto en un par de jeans. Le quedan $36, ¿cuánto costo el suéter?

Lección 6: Más historias de división

Trabajo en clase

Ejemplo 1

Divide $50 \div \frac{2}{3}$.

Paso 1: Decídete por una interpretación.

Paso 2: Dibuja una representación.

Paso 3: Encuentra la respuesta.

Paso 4: Escoge una unidad.

Paso 5: Crea una situación basada en la representación.

Ejercicio 1

Utilizando el mismo dividendo y divisor, trabaja con un compañero(a) para crear tu propio problema razonado. Es posible utilizar la misma unidad, dólares, pero tu situación debe ser única. Podrías usar otra unidad, como millas, si lo prefieres.

Ejemplo 2

Divide $\dfrac{1}{2} \div \dfrac{3}{4}$.

Paso 1: Decídete por una interpretación.

Paso 2: Dibuja una representación.

Paso 3: Encuentra la respuesta.

Paso 4: Escoge una unidad.

Paso 5: Crea una situación basada en la representación.

Ejercicio 2

Utilizando el mismo dividendo y el divisor, trabaja con un compañero(a) para crear tu propio problema razonado. Intenta con una unidad diferente.

Grupo de problemas

Resuelve.

1. ¿$\frac{15}{16}$ es 1 dieciseisavo de grupos de qué tamaño?

2. ¿$\frac{7}{8}$ cucharaditas es $\frac{1}{4}$ de grupos de qué tamaño?

3. ¿Un contenedor de 4 tazas de alimentos es $\frac{2}{3}$ de grupos de qué tamaño?

4. Escribe un problema razonado con división partitiva para $6 \div \frac{3}{4}$.

5. Escribe un problema razonado con división partitiva para $\frac{5}{12} \div \frac{1}{6}$.

6. Llena los espacios en blanco para completar la ecuación. Después, encuentra un cociente y haz un dibujo que respalde tu solución.

   a. $\frac{1}{4} \div 7 = \frac{1}{7}$ de $\frac{1}{4}$

   b. $\frac{5}{6} \div 4 = \frac{1}{4}$ de $\frac{5}{6}$

7. Sobran $\frac{3}{5}$ de una tarta. Si 4 amigos quisieran compartir la tarta en partes iguales, ¿cuánto recibiría cada amigo?

8. En dos horas, Holden terminó $\frac{3}{4}$ de su carrera. ¿Cuánto tiempo le tomará a Holden terminar la carrera completa?

9. Sam limpió $\frac{1}{3}$ de su casa en 50 minutos. ¿Cuántas horas le tomará limpiar toda su casa?

10. Mario se demoró 10 meses para pasar $\frac{5}{8}$ de los niveles en su nuevo videojuego. ¿Cuántos años le tomará a Mario pasar todos los niveles?

11. Una receta pide $1\frac{1}{2}$ tazas de azúcar. Marley sólo tiene tazas de medida que miden $\frac{1}{4}$ de taza. ¿Cuántas veces tiene Marley que llenar la taza de medida?

Lección 7: La relación entre las representaciones visuales de fracciones y ecuaciones

Trabajo en clase

Ejemplo 1

Representa lo siguiente utilizando una interpretación partitiva.

$\dfrac{3}{4} \div \dfrac{2}{5}$

Sombrea 2 de las 5 secciones $\left(\dfrac{2}{5}\right)$.

Identifica la parte que se conoce $\left(\dfrac{3}{4}\right)$.

Toma notas abajo sobre los enunciados matemáticos necesarios para resolver el problema.

Ejemplo 2

Representa lo siguiente utilizando una interpretación de medidas.

$$\frac{3}{5} \div \frac{1}{4}$$

Ejemplo 3

$$\frac{2}{3} \div \frac{3}{4}$$

Muestra los enunciados numéricos de abajo.

UNA HISTORIA DE PROPORCIONES   Lección 7 6•2

> **Resumen de la lección**
>
> Conectar modelos de división de fracciones a la multiplicación por medio del uso de recíprocos ayuda en la comprensión de la regla de *invertir y multiplicar*. Es decir, dadas dos fracciones $\frac{a}{b}$ y $\frac{c}{d}$, tenemos lo siguiente:
>
> $$\frac{a}{b} \div \frac{c}{d} = \frac{a}{b} \times \frac{d}{c}.$$

Grupo de problemas

Invierte y multiplica para dividir.

1.
   a. $\frac{2}{3} \div \frac{1}{4}$ b. $\frac{2}{3} \div 4$ c. $4 \div \frac{2}{3}$

2.
   a. $\frac{1}{3} \div \frac{1}{4}$ b. $\frac{1}{8} \div \frac{3}{4}$ c. $\frac{9}{4} \div \frac{6}{5}$

3.
   a. $\frac{2}{3} \div \frac{3}{4}$ b. $\frac{3}{5} \div \frac{3}{2}$ c. $\frac{22}{4} \div \frac{2}{5}$

4. Summer usó $\frac{2}{5}$ de su carne molida para hacer hamburguesas. Si usó $\frac{3}{4}$ libras de carne, ¿cuánta carne tenía al inicio?

5. Alistair tiene 5 barras de chocolate de media libra. Se necesitan $1\frac{1}{2}$ libras de chocolate, en trozos, para hacer un lote de galletas. ¿Cuántos lotes puede hacer Alistair con el chocolate que tiene?

6. Dibuja un modelo que muestra $\frac{2}{5} \div \frac{1}{3}$. También encuentra la respuesta.

7. Dibuja una representación que muestre $\frac{3}{4} \div \frac{1}{2}$. Encuentra la respuesta también.

Esta página se dejó en blanco intencionalmente

Lección 8: Dividir fracciones y números mixtos

Trabajo en clase

Ejemplo 1: Introducción al cálculo del cociente de un número mixto y una fracción

a. Carli tiene $4\frac{1}{2}$ paredes que pintar para que todas las habitaciones en su casa tengan el mismo color de pintura. Sin embargo, ha usado casi toda la pintura y solo le queda $\frac{5}{6}$ de un galón.

¿Cuánta pintura puede usar en cada pared para tener suficiente pintura para las paredes restantes?

b. Calcula el cociente.

$\frac{2}{5} \div 3\frac{4}{7}$

Ejercicio

Muestra tu trabajo para el juego de memoria en los cuadros a continuación.

A.
B.
C.
D.
E.
F.
G.
H.
I.
J.
K.
L.

Lección 8: Dividir fracciones y números mixtos

Grupo de problemas

Calcula cada cociente.

1. $\dfrac{2}{5} \div 3\dfrac{1}{10}$

2. $4\dfrac{1}{3} \div \dfrac{4}{7}$

3. $3\dfrac{1}{6} \div \dfrac{9}{10}$

4. $\dfrac{5}{8} \div 2\dfrac{7}{12}$

Esta página se dejó en blanco intencionalmente

Lección 9: Sumas y restas de decimales

Trabajo en clase

Ejemplo 1

$$25\frac{3}{10} + 376\frac{77}{100}$$

Ejemplo 2

$$426\frac{1}{5} - 275\frac{1}{2}$$

Lección 9 6•2

Ejercicios

Calcula cada suma o diferencia.

1. Samantha y sus amigos van en un viaje de ida y vuelta que tiene $245\frac{7}{50}$ millas de distancia. Ellos ya han manejado $128\frac{53}{100}$. ¿Cuánto más les falta por manejar?

2. Ben necesita reemplazar dos lados de su cerca. Un lado tiene $367\frac{9}{100}$ metros de longitud y el otro tiene $329\frac{3}{10}$ metros de longitud. ¿Qué cantidad de cerca necesita comprar Ben?

3. Mike desea pintar su nueva oficina con dos colores diferentes. Si necesita $4\frac{4}{5}$ galones de pintura roja y $3\frac{1}{10}$ galones de pintura marrón, ¿cuánta pintura necesita en total?

4. Después de que Arianna completó parte del trabajo, se dio cuenta de que todavía tenía $78\frac{21}{100}$ imágenes por pintar. Si completara otras $34\frac{23}{25}$ imágenes, ¿a Arianna cuántas imágenes aún le quedarían por pintar?

Usa una calculadora para convertir las fracciones a decimales antes de calcular la suma o diferencia.

5. Rahzel desea determinar cuánta gasolina usan él y su esposa en un mes. Calculó que él usó $78\frac{1}{3}$ galones de gasolina el mes pasado. La esposa de Rahzel usó $41\frac{3}{8}$ galones de gasolina el mes pasado. ¿Qué cantidad total de gasolina usaron Rahzel y su esposa el mes pasado? Redondea tu respuesta a la centésima más cercana.

Grupo de problemas

1. Encuentra cada suma o diferencia.

   a. $381\frac{1}{10} - 214\frac{43}{100}$

   b. $32\frac{3}{4} - 12\frac{1}{2}$

   c. $517\frac{37}{50} + 312\frac{3}{100}$

   d. $632\frac{16}{25} + 32\frac{3}{10}$

   e. $421\frac{3}{50} - 212\frac{9}{10}$

2. Usa una calculadora para encontrar cada suma o diferencia. Redondea tus respuestas a la centésima más cercana.

   a. $422\frac{3}{7} - 367\frac{5}{9}$

   b. $23\frac{1}{5} + 45\frac{7}{8}$

Lección 10: La propiedad distributiva y los productos de decimales

Trabajo en clase

Ejercicio inicial

Calcula el producto.

a. 200×32.6

b. 500×22.12

Ejemplo 1: Introducción a los productos parciales

Usa los productos parciales y la propiedad distributiva para calcular el producto.

200×32.6

Ejemplo 2: Introducción a los productos parciales

Usa los productos parciales y la propiedad distributiva para calcular el área del patio rectangular que se muestra a continuación.

22.12 ft.

500 ft.

Ejercicios

Usa las siguientes casillas para mostrar tu trabajo para cada estación. Asegúrate de colocar la solución para cada estación en la casilla correcta.

Estación uno:

Estación dos:

Estación tres:

Estación cuatro:

Estación cinco:

Grupo de problemas

Calcula el producto usando productos parciales.

1. 400×45.2

2. 14.9×100

3. 200×38.4

4. 900×20.7

5. 76.2×200

Esta página se dejó en blanco intencionalmente

Lección 11: La multiplicación de fracciones y los productos de decimales

Trabajo en clase

Desafío exploratorio

No solo es necesario resolver cada problema, sino que los grupos también necesitan comprobar ante la clase que el decimal en el producto está en el lugar correcto. Como grupo, se espera que presenten su prueba informal ante la clase.

a. Calcula el producto. 34.62×12.8

b. Xavier se gana $11.50 por hora de trabajo en una tienda de comestibles cercana. La semana pasada, Xavier trabajó 13.5 horas. ¿Cuánto dinero se ganó Xavier la semana pasada? Recuerda que debes redondear al centavo más cercano.

Discusión

Escribe notas sobre la discusión en el cuadro a continuación.

Ejercicios

1. Calcula el producto. 324.56×54.82

2. Kevin gasta $11.25 en el almuerzo cada semana durante el año escolar. Si hay 35.5 semanas en el año escolar, ¿cuánto gasta Kevin en el almuerzo durante todo el año escolar? Recuerda que debes redondear al centavo más cercano.

3. El carro de Gunnar recorre 22.4 millas por galón y su tanque de gasolina puede contener 17.82 galones de gasolina. ¿Cuántas millas puede viajar Gunnar si utiliza toda la gasolina en el tanque de gasolina?

4. El director de la Escuela Secundaria East quiere comprar una nueva cubierta para la fosa de arena utilizada en la competencia de salto de longitud. Midió la fosa de arena y se dio cuenta de que la longitud es de 29.2 pies y el ancho es de 9.8 pies. ¿Cuál será el área de la nueva cubierta?

UNA HISTORIA DE PROPORCIONES Lección 11 6•2

Grupo de problemas

Resuelve cada problema. Recuerda que debes redondear al centavo más cercano cuando sea necesario.

1. Calcula el producto. 45.67×32.58

2. Deprina compra una taza grande de café por $4.70 cuando va rumbo a su trabajo todos los días. Si hay 24 días de trabajo en el mes, ¿cuánto gasta Deprina en café en todo el mes?

3. Krego se gana $2,456.75 al mes. También se gana $4.75 extra cada vez que vende una nueva membresía para el gimnasio. El mes pasado, Krego vendió 32 membresías nuevas para el gimnasio. ¿Cuánto dinero se ganó Krego el mes pasado?

4. Kendra acaba de comprar una casa nueva y necesita comprar césped nuevo para el patio de su casa. Si las dimensiones de su patio son 24.6 pies por 14.8 pies, ¿cuál es el área de su patio?

UNA HISTORIA DE PROPORCIONES

Lección 12: Calcular aproximadamente los dígitos en un cociente

Trabajo en clase

Discusión

Divide 150 por 30.

Ejercicios 1–5

Redondea para calcular el cociente. Luego, calcula el cociente usando una calculadora y comparar el cálculo aproximado con el cociente.

1. $2{,}970 \div 11$
   a. Redondea a una operación aritmética de un dígito. Calcula el cociente.

   b. Usa una calculadora para determinar el cociente. Compara el cociente con el cálculo aproximado.

Lección 12: Calcular aproximadamente los dígitos en un cociente

S.55

2. $4{,}752 \div 12$

   a. Redondea a una operación aritmética de un dígito. Calcula el cociente.

   b. Usa una calculadora para determinar el cociente. Compara el cociente con el cálculo aproximado.

3. $11{,}647 \div 19$

   a. Redondea a una operación aritmética de un dígito. Calcula el cociente.

   b. Usa una calculadora para determinar el cociente. Compara el cociente con el cálculo aproximado.

4. $40{,}644 \div 18$

   a. Redondea a una operación aritmética de un dígito. Calcula el cociente.

   b. Usa una calculadora para determinar el cociente. Compara el cociente con el cálculo aproximado.

5. $49{,}170 \div 15$

   a. Redondea a una operación aritmética de un dígito. Calcula el cociente.

   b. Usa una calculadora para determinar el cociente. Compara el cociente con el cálculo aproximado.

Ejemplo 3: Extender el cálculo aproximado y el valor posicional al algoritmo de división

Calcula aproximadamente y aplica el algoritmo de división para evaluar la expresión $918 \div 27$.

Grupo de problemas

Redondea para calcular el cociente. Luego, calcula el cociente usando una calculadora y compara el cálculo aproximado con el cociente.

1. $715 \div 11$

2. $7{,}884 \div 12$

3. $9{,}646 \div 13$

4. $11{,}942 \div 14$

5. $48{,}825 \div 15$

6. $135{,}296 \div 16$

7. $199{,}988 \div 17$

8. $116{,}478 \div 18$

9. $99{,}066 \div 19$

10. $181{,}800 \div 20$

Esta página se dejó en blanco intencionalmente

Lección 13: Dividir números de varios dígitos usando el algoritmo

Trabajo en clase

Ejemplo 1

Divide $70{,}072 \div 19$.

a. Cálculo aproximado:

b. Crea una tabla que muestre los múltiplos de 19.

Múltiplos de 19

UNA HISTORIA DE PROPORCIONES **Lección 13** 6•2

c. Usa el algoritmo para dividir 70,072 ÷ 19. Revisa tu trabajo:

```
    ┌─────────
1 9 │ 7 0 0 7 2
```

Ejemplo 2

Divide 14,175 ÷ 315.

a. Cálculo aproximado:

b. Usa el algoritmo para dividir 14,175 ÷ 315. Revisa tu trabajo:

Lección 13

Ejercicios 1–5

Para cada ejercicio,

  a. Calcula aproximadamente.

  b. Divide usando el algoritmo, explica tu trabajo usando el valor posicional.

1. $484{,}692 \div 78$

   a. Cálculo aproximado:

   b.

2. $281{,}886 \div 33$

   a. Cálculo aproximado:

   b.

Lección 13: Dividir números de varios dígitos usando el algoritmo

3. 2,295,517 ÷ 37

   a. Cálculo aproximado:

   b.

4. 952,448 ÷ 112

   a. Cálculo aproximado:

   b.

5. 1,823,535 ÷ 245

   a. Cálculo aproximado:

   b.

Lección 13

Grupo de problemas

Divide usando el algoritmo de división.

1. $1{,}634 \div 19$
2. $2{,}450 \div 25$
3. $22{,}274 \div 37$
4. $21{,}361 \div 41$
5. $34{,}874 \div 53$
6. $50{,}902 \div 62$
7. $70{,}434 \div 78$
8. $91{,}047 \div 89$
9. $115{,}785 \div 93$
10. $207{,}968 \div 97$
11. $7{,}735 \div 119$
12. $21{,}948 \div 354$
13. $72{,}372 \div 111$
14. $74{,}152 \div 124$
15. $182{,}727 \div 257$
16. $396{,}256 \div 488$
17. $730{,}730 \div 715$
18. $1{,}434{,}342 \div 923$
19. $1{,}775{,}296 \div 32$
20. $1{,}144{,}932 \div 12$

Lección 14: El algoritmo de la división—convertir la división de decimales en una división de números enteros usando fracciones

Trabajo en clase

Ejercicio inicial

Divide $\frac{1}{2} \div \frac{1}{10}$. Usa un diagrama de cinta para respaldar tu razonamiento.

Relaciona la representación con la regla de invertir y multiplicar.

Ejemplo 1

Evalúa la expresión. Usa un diagrama de cinta para respaldar tu respuesta.

$0.5 \div 0.1$

Vuelve a escribir $0.5 \div 0.1$ como una fracción.

Expresa el divisor como un número entero.

Ejercicios 1–3

Convierte las expresiones de división decimal en expresiones de división fraccional para crear divisores de números enteros. No tienes que encontrar los cocientes. Explica el movimiento del punto decimal. El primer ejercicio se completó como ejemplo.

1. $18.6 \div 2.3$

   $\dfrac{18.6}{2.3} \times \dfrac{10}{10} = \dfrac{186}{23}$

   $186 \div 23$

   Multipliqué el dividendo y el divisor por diez, o por una potencia de diez, de modo que cada punto decimal se movió una posición a la derecha porque se incrementaron diez veces.

2. $14.04 \div 4.68$

3. $0.162 \div 0.036$

Ejemplo 2

Evalúa la expresión. Primero, convierte la expresión de división decimal a una expresión de división fraccional para crear un divisor de número entero.

$25.2 \div 0.72$

Usa el algoritmo de división para encontrar el cociente.

Ejercicios 4–7

Convierte las expresiones de división decimal en expresiones de división fraccional para crear divisores de números enteros. Calcula los cocientes usando el algoritmo de división. Comprueba tu trabajo con una calculadora.

4. $2{,}000 \div 3.2$

5. $3{,}581.9 \div 4.9$

6. $893.76 \div 0.21$

7. $6.194 \div 0.326$

Ejemplo 3

Un avión viaja 3,625.26 millas en 6.9 horas. ¿Cuál es la tasa unitaria del avión?

Representa esta situación con una fracción.

Representa esta situación usando las mismas unidades.

Calcula el cociente.

Expresa el divisor como un número entero.

Usa el algoritmo de división para encontrar el cociente.

Usa la multiplicación para comprobar tu trabajo.

UNA HISTORIA DE PROPORCIONES

Lección 14   6•2

Grupo de problemas

Convierte las expresiones de división decimal en expresiones de división fraccional para crear divisores de números enteros.

1. $35.7 \div 0.07$

2. $486.12 \div 0.6$

3. $3.43 \div 0.035$

4. $5{,}418.54 \div 0.009$

5. $812.5 \div 1.25$

6. $17.343 \div 36.9$

Calcula los cocientes. Convierte las expresiones de división decimal en expresiones de división fraccional para crear divisores de número entero. Calcula los cocientes usando el algoritmo de división. Comprueba tu trabajo con una calculadora y tus cálculos aproximados.

7. Norman compró 3.5 lb. de su mezcla favorita de frutas secas para usarla en una mezcla de frutas. El costo total fue $16.87. ¿Cuánto cuesta la fruta por libra?

8. Divide: $994.14 \div 18.9$

9. Daryl gastó $4.68 en cada libra de mezcla de frutas. Gastó un total de $14.04. ¿Cuántas libras de mezcla de frutas compró?

10. Mamie ahorró $161.25. Esto es 25% de la cantidad que ella necesita ahorrar. ¿Cuánto dinero necesita ahorrar Mamie?

11. Kareem compró varios paquetes de goma de mascar a $1.26 cada uno para colocarlos en cestas de regalo. Él gastó un total de $8.82. ¿Cuántos paquetes de goma de mascar compró?

12. Jerod está haciendo velas con cera de abejas. Él tiene 132.72 onzas de cera de abejas. Si cada vela usa 8.4 onzas de cera de abejas, ¿cuántas velas puede hacer él? ¿Sobrará algo de cera?

13. Hay 20.5 tazas de masa en un contenedor. Esto representa 0.4 de la cantidad total de masa necesaria para una receta. ¿Cuántas tazas de masa se necesitan?

14. Divide: $159.12 \div 6.8$

15. Divide: $167.67 \div 8.1$

Lección 14: El algoritmo de división—convertir la división de decimales en una división de números enteros usando fracciones

S.73

Esta página se dejó en blanco intencionalmente

Lección 15: El algoritmo de división—convertir la división de decimales en una división de números enteros usando cálculos mentales

Trabajo en clase

Ejercicio inicial

Utiliza el cálculo mental para resolver las expresiones numéricas.

a. $99 + 44$

b. $86 - 39$

c. 50×14

d. $180 \div 5$

Ejemplo 1: Utilizar el cálculo mental para encontrar los cocientes

Utiliza el cálculo mental para resolver $105 \div 35$.

Ejercicios 1–4

Utiliza las técnicas de cálculo mental para resolver las expresiones.

1. $770 \div 14$

2. $1{,}005 \div 5$

3. $1{,}500 \div 8$

4. $1{,}260 \div 5$

Ejemplo 2: Cálculo mental y división de decimales

Resuelve la expresión $175 \div 3.5$ usando las técnicas de cálculo mental.

Ejercicios 5–7

Utiliza las técnicas de cálculo mental para resolver las expresiones.

5. $25 \div 6.25$

6. $6.3 \div 1.5$

7. $425 \div 2.5$

Ejemplo 3: Cálculos mentales y el algoritmo de división

Evalúa la expresión $4{,}564 \div 3.5$ usando las técnicas de cálculo mental y el algoritmo de división.

Ejemplo 4: Cálculos mentales y el trabajo lógico

A Shelly le dieron este enunciado numérico y le pidieron que colocara correctamente el punto decimal en el cociente.

$$55.6875 \div 6.75 = 0.825$$

¿Estás de acuerdo con Shelly?

Divide para demostrar que tu respuesta es correcta.

Grupo de problemas

Usa cálculos mentales, el cálculo aproximado y el algoritmo de división para evaluar las expresiones.

1. $118.4 \div 6.4$
2. $314.944 \div 3.7$
3. $1,840.5072 \div 23.56$
4. $325 \div 2.5$
5. $196 \div 3.5$
6. $405 \div 4.5$
7. $3,437.5 \div 5.5$
8. $393.75 \div 5.25$
9. $2,625 \div 6.25$
10. $231 \div 8.25$
11. $92 \div 5.75$
12. $196 \div 12.25$
13. $117 \div 6.5$
14. $936 \div 9.75$
15. $305 \div 12.2$

Coloca el punto decimal en el lugar correcto para que el enunciado numérico sea verdadero.

16. $83.375 \div 2.3 = 3,625$
17. $183.575 \div 5,245 = 3.5$
18. $326,025 \div 9.45 = 3.45$
19. $449.5 \div 725 = 6.2$
20. $446,642 \div 85.4 = 52.3$

Lección 16: Números pares e impares

Trabajo en clase

Ejercicio inicial

a. ¿Qué es un número par?

b. Haz una lista de ejemplos de los números pares.

c. ¿Qué es un número impar?

d. Enumera algunos ejemplos de números impares.

¿Qué pasa cuando sumamos dos números pares? ¿Siempre obtendremos un número par?

Ejercicios 1–3

1. ¿Por qué la suma de dos números pares da como resultado números pares?

    a. Piensa en el problema $12 + 14$. Dibuja puntos para representar cada número.

    b. Encierra con un círculo pares de puntos para determinar si algún punto se queda afuera.

    c. ¿Es esto cierto cada vez que se suman dos números pares? ¿Por qué sí o por qué no?

2. ¿Por qué la suma de dos números impares da como resultado números pares?

    a. Piensa en el problema $11 + 15$. Dibuja puntos para representar cada número.

    b. Encierra en un círculo pares de puntos para determinar si alguno de los puntos se queda afuera.

Lección 16: Números pares e impares

c. ¿Es esto cierto cada vez que se suman dos números impares? ¿Por qué sí o por qué no?

3. ¿Por qué la suma de un número par y un números impar da como resultado un número impar?
   a. Piensa en el problema 14 + 11. Dibuja puntos para representar cada número.

   b. Encierra pares de puntos en un círculo para determinar si alguno de los puntos se queda afuera.

   c. ¿Es esto cierto cada vez que se suman un número par y un número impar? ¿Por qué sí o por qué no?

   d. ¿Qué pasa si el primer sumando es impar y el segundo es par? ¿Sigue siendo impar la suma? ¿Por qué sí o por qué no? Por ejemplo, si tenemos 11 + 14, ¿será impar la suma?

Vamos a resumir:
-
-
-

Desafío exploratorio/Ejercicios 4–6

4. El producto de dos números pares es par.

5. El producto de dos números impares es impar.

6. El producto de un número par y un número impar es par.

UNA HISTORIA DE PROPORCIONES

Lección 16

6•2

Resumen de la lección

Suma:

- La suma de dos números pares es par.
- La suma de dos números impares es par.
- La suma de un número par y un número impar es impar.

Multiplicación:

- El producto de dos números pares es par.
- El producto de dos números impares es impar.
- El producto de un número par y un número impar es par.

Grupo de problemas

Sin resolver el problema, indica si cada suma o producto es par o impar. Explica tu razonamiento.

1. $346 + 721$

2. $4{,}690 \times 141$

3. $1{,}462{,}891 \times 745{,}629$

4. $425{,}922 + 32{,}481{,}064$

5. $32 + 45 + 67 + 91 + 34 + 56$

Lección 16: Números pares e impares

S.85

Esta página se dejó en blanco intencionalmente

Lección 17: Pruebas de divisibilidad del 3 y el 9

Trabajo en clase

Ejercicio inicial

A continuación hay una lista de 10 números. Coloca cada número que sea un factor del número en el/los círculo(s). Algunos números se pueden colocar en más de un círculo. Por ejemplo, si 32 estuviese en la lista, se colocaría en los círculos con 2, 4 y 8 porque todos son factores de 32.

24; 36; 80; 115; 214; 360; 975; 4,678; 29,785; 414,940

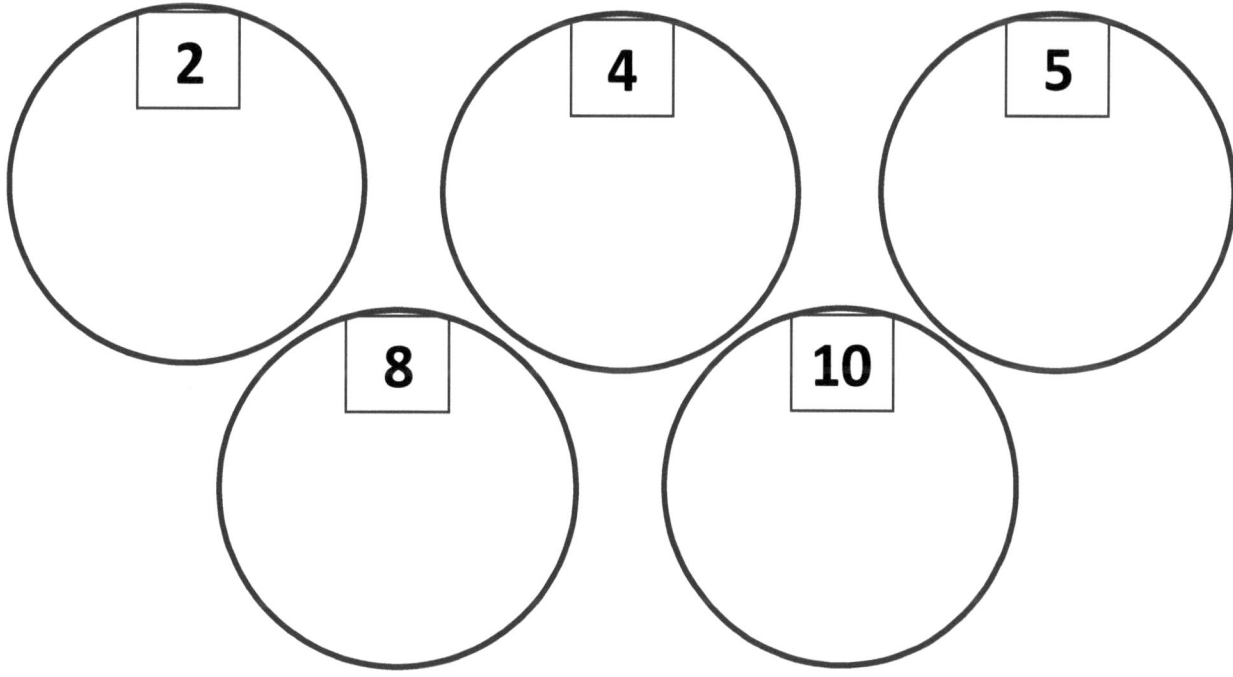

Discusión

- Regla de divisibilidad del 2:

- Regla de divisibilidad del 4:

- Regla de divisibilidad del 5:

- Regla de divisibilidad del 8:

- Regla de divisibilidad del 10:

- Los números decimales con partes fraccionarias no siguen las pruebas de divisibilidad.

- Regla de divisibilidad del 3:

- Regla de divisibilidad del 9:

Ejemplo 1

Este ejemplo muestra cómo aplicar las dos nuevas reglas de divisibilidad que acabamos de discutir.

Explica por qué 378 es divisible por 3 y 9.

a. Expande 378.

b. Descompón la expresión para factorizar por 9.

c. Factoriza el 9.

d. ¿Cuál es la suma de los tres dígitos?

e. ¿Es 18 divisible por 9?

f. ¿El número entero 378 es divisible por 9? ¿Por qué sí o por qué no?

g. ¿El número 378 es divisible por 3? ¿Por qué sí o por qué no?

Ejemplo 2

¿Es 3,822 divisible por 3 o 9? ¿Por qué sí o por qué no?

UNA HISTORIA DE PROPORCIONES

Lección 17

Ejercicios 1–5

Encierra en un círculo TODOS los números que son factores del número dado. Completa cualquier trabajo necesario en el espacio proporcionado.

1. 2,838 es divisible por

    3

    9

    4

    Explica el razonamiento de tu(s) elección(es).

2. 34,515 es divisible por

    3

    9

    5

    Explica el razonamiento de tu(s) elección(es).

3. 10,534,341 es divisible por

    3

    9

    2

    Explica el razonamiento de tu(s) elección(es).

Lección 17: Pruebas de divisibilidad del 3 y el 9

4. 4,320 es divisible por

   3

   9

   10

   Explica el razonamiento de tu(s) elección(es).

5. 6,240 es divisible por

   3

   9

   8

   Explica el razonamiento de tu(s) elección(es).

Lección 17

Resumen de la lección

Para determinar si un número es divisible por 3 o 9:

- Se calcula la suma de los dígitos.
- Si la suma de los dígitos es divisible por 3, el número entero es divisible por 3.
- Si la suma de los dígitos es divisible por 9, el número entero es divisible por 9.

Nota: Si un número es divisible por 9, el número también es divisible por 3.

Grupo de problemas

1. ¿Es 32,643 divisible por 3 y 9? ¿Por qué sí o por qué no?

2. Encierra en un círculo todos los factores de 424,380 de la siguiente lista.
   2   3   4   5   8   9   10

3. Encierra en un círculo todos los factores de 322,875 de la siguiente lista.
   2   3   4   5   8   9   10

4. Escribe un número de 3 dígitos que sea divisible por 3 y por 4. Explica cómo sabes que este número es divisible por 3 y 4.

5. Escribe un número de 4 dígitos que sea divisible por 5 y por 9. Explica cómo sabes que este número es divisible por 5 y 9.

Lección 18: Mínimo común múltiplo y máximo común divisor

Trabajo en clase

Apertura

El *máximo común divisor* de dos números enteros (que ambos no sean cero) es el número entero más grande que sea un factor de cada número. El máximo común divisor de dos números enteros a y b se denomina el MCD(a, b).

El *mínimo común múltiplo* de dos números enteros es el número entero más pequeño mayor que cero que sea un múltiplo de cada número. El mínimo común múltiplo de dos números enteros a y b se denomina el MCM (a, b).

Ejemplo 1: Máximo común divisor

Calcula el máximo común divisor de 12 y 18.

- Es útil enumerar los pares de factores en orden para asegurar que no falten factores comunes. Empieza con 1 multiplicado por el número.
- Encierra en un círculo todos los factores que aparecen en las dos listas.
- Haz un triángulo alrededor del mayor de estos factores comunes.

MFC (12, 18)

12

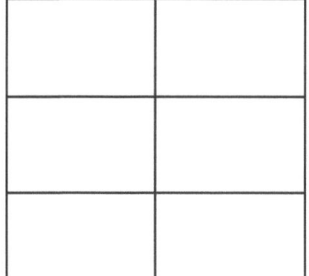

18

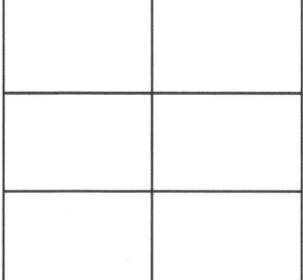

UNA HISTORIA DE PROPORCIONES

Lección 18

6•2

Ejemplo 2: Mínimo común múltiplo

Encuentra el mínimo común múltiplo de 12 y 18.

MCM (12, 18)

Escribe los primeros 10 múltiplos de 12.

Escribe los primeros 10 múltiplos de 18.

Encierra en un círculo todos los múltiplos que aparecen en las dos listas.

Haz un rectángulo alrededor del menor de estos múltiplos comunes.

Ejercicios

Estación 1: Factores y MCD

Escojan uno de estos problemas que no esté resuelto todavía. Deben resolverlo juntos en su página de estudiante. Luego, usen su marcador para copiar su trabajo ordenadamente en el papel cuadriculado. Usen su marcador para tachar el problema que escogieron para que el próximo grupo resuelva un problema diferente.

MFC (30, 50)

MFC (30, 45)

MFC (45, 60)

MFC (42, 70)

MFC (96, 144)

Luego, escojan uno de estos problemas que no esté resuelto todavía:

a. Hay 18 niñas y 24 niños que quieren participar en un desafío de trivia. Si cada equipo debe tener la misma proporción de niñas y niños, ¿cuál es número máximo de equipos que pueden competir? Calculen cuántos niños y niñas habrá en cada equipo.

b. Los miembros del club de esquí están preparando estuches iguales de bienvenida para los esquiadores nuevos. El club de esquí tiene 60 paquetes de calentadores de manos y 48 paquetes de calentadores de pies. Calculen el número máximo de equipos iguales que pueden preparar usando todos los paquetes de calentadores de manos y calentadores de pies. ¿Cuántos paquetes de calentadores de manos y paquetes de calentadores de pies tendrá cada equipo de bienvenida?

c. Hay 435 representantes y 100 senadores en servicio en el congreso de los Estados Unidos. ¿Cuántos grupos iguales, con el mismo número de representantes y senadores, se pueden formar con todos los congresistas si queremos que los grupos más grandes posibles? ¿Cuántos representantes y senadores habrá en cada grupo?

d. ¿En algún momento, el MCD de un par de números es igual a uno de los números? Expliquen con un ejemplo.

e. ¿En algún momento, el MCD de un par de números es mayor que los dos números? Expliquen con un ejemplo.

Lección 18: Mínimo común múltiplo y máximo común divisor

Estación 2: Múltiplos y MCM

Escojan uno de estos problemas que no esté resuelto todavía. Deben resolverlo juntos en su página de estudiante. Luego, usen su marcador para copiar su trabajo ordenadamente en el papel cuadriculado. Usen su marcador para tachar el problema que escogieron para que el próximo grupo resuelva un problema diferente.

MCM (9, 12)

MCM (8, 18)

MCM (4, 30)

MCM (12, 30)

MCM (20, 50)

Luego, escojan uno de estos problemas que no esté resuelto todavía: Deben resolverlo juntos en su página del estudiante. Luego, usen su marcador para copiar su trabajo ordenadamente en el papel cuadriculado y tachen el problema que escogieron para que el próximo grupo resuelva un problema diferente.

a. Los perros calientes vienen en paquetes de 10. Los panes para perros calientes vienen en paquetes de 8. Si queremos un perro caliente para cada pan en un picnic y que no sobre ninguno, ¿cuál es la cantidad mínima de cada uno que necesitamos comprar? ¿Cuántos paquetes de cada artículo tendremos que comprar?

b. A partir de las 6:00 a.m., un autobús para en la esquina de mi calle cada 15 minutos. También, a partir de las 6:00 a.m., un taxi llega cada 12 minutos. ¿Qué hora será la próxima vez que tanto el autobús como el taxi estén en la esquina al mismo tiempo?

c. Dos engranajes en una máquina están alineados por una marca dibujada desde el centro de un engranaje al centro del otro. Si el primer engranaje tiene 24 dientes y el segundo engranaje tiene 40 dientes, ¿cuántas revoluciones del primer engranaje se necesitan hasta que las marcas estén alineadas de nuevo?

d. ¿En algún momento, el MCM de un par de números es igual a uno de los números? Expliquen con un ejemplo..

Lección 18: Mínimo común múltiplo y máximo común divisor

e. ¿En algún momento, el MCM de un par de números es menor que los dos números? Expliquen con un ejemplo.

Estación 3: Usar factores primos para determinar el MCD

Escojan uno de estos problemas que no esté resuelto todavía. Deben resolverlo juntos en su página de estudiante. Luego, usen su marcador para copiar su trabajo ordenadamente en el papel cuadriculado y tachen el problema que escogieron para que el próximo grupo resuelva un problema diferente.

MFC (30, 50)

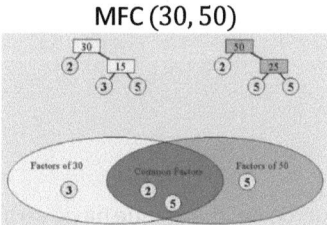

MFC (30, 45)

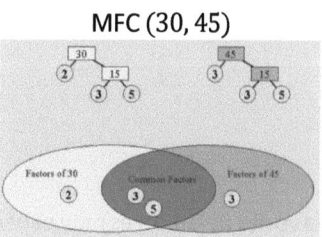

MFC (45, 60)

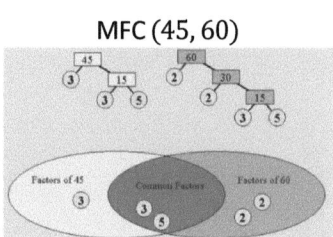

MFC (42, 70)

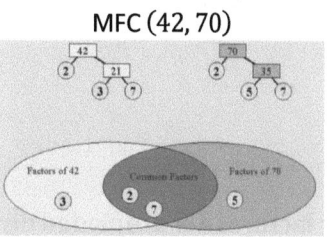

MFC (96, 144)

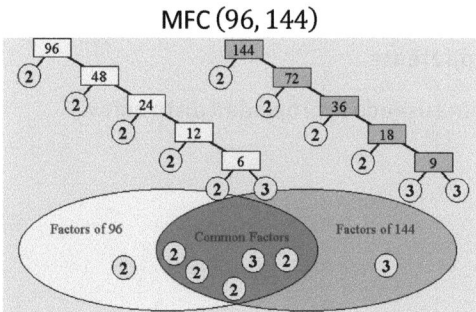

Luego, escojan uno de estos problemas que no esté resuelto todavía:

a. ¿Prefieren calcular todos los factores de un número o calcular todos los factores primos de un número? ¿Por qué?

b. Encuentren el MCD del par original de números.

c. ¿El producto del MCM y MCD es menor que, mayor que o igual al producto de los números?

d. El número favorito de Glenn es muy especial porque le recuerda del día en que nació su hija, Sara. Los factores de este número no se repiten y todos los números primos son menores que 12. ¿Cuál es el número de Glenn? ¿Cuándo nació Sara?

Estación 4: Aplicar factores a la propiedad distributiva

Escojan uno de estos problemas que no esté resuelto todavía. Deben resolverlo juntos en su página de estudiante. Luego, usen su marcador para copiar su trabajo ordenadamente en el papel cuadriculado y tachen el problema que escogieron para que el próximo grupo resuelva un problema diferente.

Calculen el MCD de los dos números y vuelvan a escribir la suma usando la propiedad distributiva.

1. $12 + 18 =$

2. $42 + 14 =$

3. $36 + 27 =$

4. $16 + 72 =$

5. $44 + 33 =$

Luego, sumen otro ejemplo a uno de estos dos enunciados aplicando los factores a la propiedad distributiva.

Escojan cualquier número para n, a y b.

$n(a) + n(b) = n(a + b)$

$n(a) - n(b) = n(a - b)$

Grupo de problemas

Completa las estaciones restantes de la clase.

Esta página se dejó en blanco intencionalmente

Lección 19: El algoritmo de Euclides como una aplicación del algoritmo de división larga

Trabajo en clase

Ejercicio inicial

El algoritmo de Euclides se utiliza para encontrar el máximo factor común (MFC) de dos números enteros.

1. Divide el mayor de los dos números por el más pequeño.
2. Si hay un resto, divídelo por el divisor.
3. Continúa dividiendo el último divisor por el último resto hasta que el resto sea cero.
4. El divisor final es el MFC del par original de números.

$383 \div 4 =$ $\qquad$ $432 \div 12 =$ $\qquad$ $403 \div 13 =$

Ejemplo 1: El algoritmo de Euclides conceptualizado

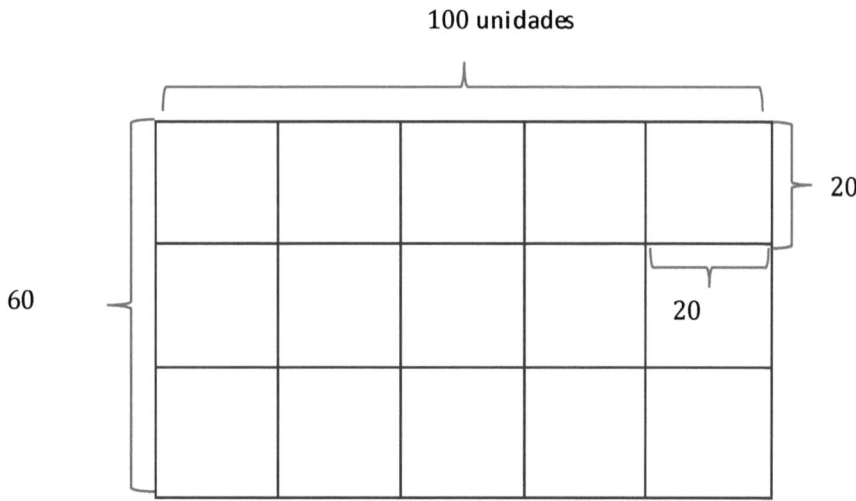

UNA HISTORIA DE PROPORCIONES   Lección 19   6•2

Ejemplo 2: Lección 18 - Repaso del trabajo de clase

a. Vamos a aplicar el algoritmo de Euclides a algunos de los problemas de nuestra última lección.

   i. ¿Cuál es el MFC de 30 y 50?

   ii. Usando el algoritmo de Euclides, seguimos los pasos que se enumeran en el Ejercicio inicial.

b. Aplica el algoritmo de Euclides para encontrar el MFC de (30, 45).

Ejemplo 3: Números más grandes

MFC (96, 144)   MFC (660, 840)

Lección 19: El algoritmo de Euclides como una aplicación del algoritmo de división larga

Ejemplo 4: Problemas de área

El máximo factor común tiene muchos usos. Entre ellos, el MFC nos permite encontrar el tamaño máximo de cuadrados que cubren un rectángulo. Cuando resolvemos problemas como este, no podemos tener ningún cuadrado superpuesto o espacio vacío. Por supuesto, los cuadrados de tamaño máximo son el número mínimo de cuadrados necesarios.

Una mesa rectangular mide 30 pulgadas por 50 pulgadas. Necesitamos cubrirla con losas cuadradas. ¿Cuál es la longitud del lado de la losa cuadrada más grande que podemos usar para cubrir completamente la mesa sin superposiciones o espacios vacíos?

a. Si usamos cuadrados que miden 10 por 10, ¿cuántos necesitamos?

b. Si esto fuera un trozo gigante de queso en una fábrica, ¿cambiaría el razonamiento o los cálculos que acabamos de hacer?

c. ¿Cuántos cuadrados de 10 pulgadas × 10 pulgadas cuadradas de queso se podrían cortar del trozo gigante de 30 pulgadas × 50 pulgadas?

Grupo de problemas

1. Usa el algoritmo de Euclides para encontrar el máximo factor común de los siguientes pares de números:
   a. MFC (12, 78)
   b. MFC (18, 176)

2. Juanita y Samuel están planificando una fiesta de pizza. Ordenan una pizza rectangular que mide 21 pulgadas por 36 pulgadas. Le dicen al que hace la pizza que no la corte porque quieren cortarla ellos mismos.
   a. Todos los trozos de la pizza deben ser cuadrados sin ningún remanente. ¿Cuál es la longitud lateral de los trozos más grandes en los que Juanita y Samuel pueden cortar la pizza?
   b. ¿Cuántos trozos de este tamaño se pueden cortar?

3. Shelly Mickelle están haciendo una colcha. Tienen un retazo de tela que mide 48 pulgadas por 168 pulgadas
   a. Todos los retazos de tela deben ser cuadrados sin ningún remanente. ¿Cuál es la longitud lateral de los retazos más grandes en los que Shelly y Mickelle pueden cortar la tela?
   b. ¿Cuántos retazos de este tamaño pueden cortar Shelly y Mickelle?

Printed by Libri Plureos GmbH in Hamburg, Germany